U034442ó

流域区域水污染治理模式与技术路线图丛书

湖泊富营养化控制与生态修复指导手册

刘　琰　乔肖翠　李　雪　丁　帅等　著

科学出版社
北　京

内 容 简 介

本书是湖泊富营养化控制与生态修复技术路线图及分类指导方案研编的工具书。在全面分析我国湖泊水生态环境质量现状及污染特征的基础上，围绕湖泊富营养化控制与生态修复，给出了编制技术路线图和分类指导方案的技术流程及主要方法，包括湖泊污染特征及受损成因诊断方法、湖泊流域环境压力诊断方法、湖泊分阶段的富营养化控制与生态修复目标确定方法、湖泊水环境容量计算方法、湖泊营养物排放量预测方法等，并以长江流域、云贵高原湖区滇池、东部平原湖区巢湖为例，给出技术路线图和分类指导方案的编制案例。

本书可供从事湖泊治理与保护的生态环境保护工作者、科研人员及教学人员参考。

审图号：GS 京（2024）1403 号

图书在版编目（CIP）数据

湖泊富营养化控制与生态修复指导手册 / 刘琰等著. -- 北京：科学出版社, 2024. 11. -- (流域区域水污染治理模式与技术路线图丛书).
ISBN 978-7-03-080220-0

Ⅰ. X524-62

中国国家版本馆 CIP 数据核字第 20246AV758 号

责任编辑：郭允允　程雷星 / 责任校对：郝甜甜
责任印制：徐晓晨 / 封面设计：无极书装

科学出版社 出版
北京东黄城根北街 16 号
邮政编码：100717
http://www.sciencep.com

北京建宏印刷有限公司 印刷
科学出版社发行　各地新华书店经销
*
2024 年 11 月第　一　版　　开本：787×1092　1/16
2025 年 1 月第二次印刷　　印张：12 3/4
字数：300 000

定价：168.00 元
（如有印装质量问题，我社负责调换）

丛书编委会

顾问　吴丰昌　刘　翔　郑兴灿　梅旭荣

主编　宋永会

编委　（按姓氏笔画排序）

朱昌雄　刘　琰　许秋瑾　孙德智

肖书虎　赵　芳　蒋进元　储昭升

谢晓琳　廖海清　魏　健

作 者 名 单

刘　琰　中国环境科学研究院

乔肖翠　中国环境科学研究院

李　雪　中国环境科学研究院

丁　帅　中国环境科学研究院

王海燕　中国环境科学研究院

卢延娜　中国环境科学研究院

葛思敏　中国环境科学研究院

齐　童　中国环境科学研究院

丛书序

我国自 20 世纪 80 年代开始，伴随着经济社会快速发展，水污染和水生态破坏等问题日益凸显。大规模工业化、城镇化和农业现代化发展，导致水污染呈现出结构性、区域性、复合性、压缩性和流域性特征，制约了我国经济社会的可持续发展，人民群众生产生活和健康面临重大风险。如果不抓紧扭转水污染和生态环境恶化趋势，必将付出极其沉重的代价。为此，自"九五"以来，国家将三河（淮河、海河、辽河）、三湖（太湖、巢湖、滇池）等列为重点流域，持续开展水污染防治工作。从"十一五"开始，党中央、国务院更是高瞻远瞩，作出了科技先行的英明决策和重大战略部署，审时度势启动实施水体污染控制与治理科技重大专项（简称水专项）。水专项实施以来，针对流域水污染防治和饮用水安全保障的技术难题，开展科技攻关和工程示范，突破一批关键技术，建设一批示范工程，支撑重点流域水污染防治和水环境质量改善，构建流域水污染治理、流域水环境管理和饮用水安全保障三个技术体系，显著提升了我国流域水污染治理体系和治理能力现代化水平。为全面推动水污染防治，保障国家水安全，支撑全面建成小康社会目标实现，国务院于 2015 年发布《水污染防治行动计划》（简称"水十条"），加快推进水污染防治和水环境质量改善。

流域是包含某水系并由分水界或其他人为、非人为界线将其圈闭起来的相对完整、独立的区域，是人类活动与自然资源、生态环境之间相互联系、相互作用、相互制约的整体。我国主要河流流域包括松花江、辽河、海河、黄河、淮河、长江、珠江、东南诸河、西南诸河及西北内陆河等十大流域。我国湖泊众多，共有 2.48 万多个，按地域可分为东部湖区、东北湖区、蒙新湖区、青藏高原湖区和云贵湖区。统筹流域各要素，实施流域系统治理和综合管理，已经成为国内外生态环境保护工作的共识。水专项的实施充分考虑了流域的整体性和系统性，而在水污染治理和水生态环境保护修复策略上，考虑水体类型、自然地理和气候类型等差异，按照河流、湖泊和城市进行分区分类施策。与国家每五年一期的重点流域水污染防治和水生态环境保护规划相适应，水专项在辽河、淮河、松花江、海河和东江等五大河流流域，太湖、巢湖、滇池、三峡库区和洱海等五大湖泊流域，以及京津冀等地开展了科技攻关和综合示范，以水专项科技创新成果支撑流域水污染治理和水环境管理，充分体现流域整体设计和分区分类施策，即"一河一策""一湖一策""一城一策"，为流域治理和管理工作提供切实可行的技术和方案支撑。随着"十一五""十二五"水专项的实施，水污染治理共性技术成果和流域区域示范经验越来越丰富，与此同时，国家"水十条"的发布实施，尤其是"十三五"时期打好污染防治攻坚战之"碧水保卫战"，对流域区域水污染治理和水环境质量改善提出了明确的目标要求，各地方对于流域区域水污染系统治理、综合治理的认识越来越深刻。但是由于各流域区域水污染治理基础、经济社会发展水平和科技支撑能力差别较大，迫切需要科学的水污染治理模式、适宜的技术路线图，以及经济合理的治理技术支撑。因此，面向国家重大需求，为更好地完成流域水污染治理技术体系构建，"十三五"期间，水专项在"流域水污染治理与水体修复技术集成与应用"项目中设置了"流域（区域）水污染治理模式与技术路线图"课题（简称路线图课题），旨在支撑流域水污染治理技术体系的构建和完善，研究形成适应不同河流、湖泊和城市水环境特征的流域区域水污染治理模式，以及流域区域和主要污染物控制技术路线图，推动流域水污染治理技术体系的应用，为流域区域治理提供科技支撑。

路线图课题针对流域水污染治理技术体系下不同技术系统的特点，研究分类技术系统的流域区域应用模式。针对流域区域水污染特征和差异化治理需求，研究提出水污染治理分类指导方案和流域区域水污染治理技术路线图。结合水污染治理市场机制和经济模式研究，总结我国流域水污染治理的总体实施模式。路线图课题突破了流域水体污染特征分类判别与主控因子识别、基于流域特征和差异化治理需求的水污染治理技术甄选与适用性评估等技术，提出了河流、湖泊、城市水污染治理分类指导方案、技术路线图和技术政策建议，形成了指导手册，为流域中长期治理提供了技术工具。研究提出流域区域水污染治理的总体实施模式，形成太湖、辽河流域有机物和氮磷营养物控制的总体解决技术路线图，为流域区域水污染治理提供了技术支撑。路线图课题成果为流域水污染治理技术体系的构建和完善提供了方法学支撑，其中综合考虑技术、环境和经济三要素，创新了水污染治理技术综合评估方法，为城镇生活污染控制、农业面源污染控制与治理、受损水体修复等技术的集成和应用提供了坚实的共性技术方法支持。秉持创新研究与应用实践紧密结合的宗旨，按照水专项"十三五"收官阶段的要求，特别是面向流域水生态环境保护"十四五"规划的重大需求，路线图课题"边研究、边产出、边应用、边支撑、边完善"，为国家层面长江、黄河、松辽、淮河、太湖、滇池等流域和地方"十三五"污染防治工作及"十四五"规划的编制提供了有力的技术支撑，路线图课题成果在实践中得到了检验和广泛的应用，受到生态环境部、相关流域局和地方的高度评价。

"流域区域水污染治理模式与技术路线图丛书"是路线图课题和辽河等相关流域示范项目课题技术成果的系统总结。丛书的设计紧扣流域区域水污染治理、技术路线图、治理模式、指导方案、技术评估等关键要素和环节，以手册工具书的形式，为河流、湖泊、城市的水污染治理、水环境整治及生态修复提供系统的流域区域问题诊断方法、技术路线图和分类指导方案。在流域区域水污染治理操作层面，丛书为水污染治理技术的选择应用提供技术方法工具，以及投融资和治理资源共享等市场机制的方法工具。丛书集成和凝练流域水污染治理相关理论和技术，提出了我国流域区域水污染治理的总体实施模式，并在国家水污染治理和水生态环境保护的重点流域辽河和太湖进行应用，形成了成果落地的案例。丛书形成了流域区域水污染治理手册工具书 3 册、技术评估和市场机制方法工具 2 册、流域案例及模式总结 2 册的体系。

丛书既是"十三五"水专项路线图等课题的攻关研究成果，又是水专项实施以来，流域水污染治理理论、技术和工程实践及管理经验总结凝练的结晶，具有很强的创新性、理论性、技术性和实践性。进入"十四五"以来，《党中央 国务院关于深入打好污染防治攻坚战的意见》对"碧水保卫战"作出明确部署，要求持续打好长江保护修复攻坚战，着力打好黄河生态保护治理攻坚战，完善水污染防治流域协同机制，深化海河、辽河、淮河、松花江、珠江等重点流域综合治理，推进重要湖泊污染防治和生态修复。相信丛书一定能在流域区域水污染防治和水生态环境保护修复工作中发挥重要的指导和参考作用。

我作为"十三五"水专项的技术总师，乐见这些标志性成果的产出、传播和推广应用，是为序！

吴丰昌

中国工程院院士

中国环境科学学会副理事长

　　我国是一个多湖泊国家，来自湖泊的淡水储量约为 2250 亿 m³，湖泊是我国最主要的淡水资源之一。随着经济社会的发展，湖泊流域受到了人类活动的严重影响，水质恶化、生态系统失衡等问题突出，严重影响了湖泊流域人民的生产生活与饮用水安全，极大地制约了区域经济社会的可持续发展。

　　为了推进我国湖泊流域水污染治理与生态修复，根据《国家中长期科学和技术发展规划纲要（2006—2020 年）》设立的水体污染控制与治理科技重大专项（简称水专项）下设了湖泊研究与示范主题。经过 20 多年治理，国控重点湖泊营养状态恶化的趋势得到有效遏制，营养状态为贫营养和中营养的湖泊占比由 2003 年的 38.46% 提高到 2019 年的 74.11%，中度富营养化的湖泊占比由 2003 年的 38.46% 降低至 2019 年的 3.57%；2003 年，重度富营养化湖泊占比为 11.54%，2011 年开始无重度富营养化湖泊。

　　近年来，尽管国控湖泊的水质和营养状态得到了较大的改善，但从全国湖泊的整体情况看，湖泊富营养化问题依然严峻，面临的主要问题有：湖泊数量和面积减少，湖泊蓄水能力下降，湖泊水质有待提高，藻类水华暴发频次居高不下，湖泊生态系统退化，生物多样性下降。为加快科技成果转化，以水专项研究成果支撑湖泊治理与保护，"十三五""流域（区域）水污染治理模式与技术路线图"课题对水专项湖泊主题的研究成果进行了系统梳理和总结提炼，形成了湖泊富营养化控制与生态修复技术路线图和分类指导方案工具包，以期为国家湖泊治理与保护的总体战略提供支撑，为地方编制湖泊富营养化控制与生态修复方案提供指导。

　　本书分为基础篇、路线图篇、指导方案篇、技术政策篇和案例篇，共 15 章。其中，基础篇包括第 1 章，介绍了我国湖泊水环境现状和主要问题，以及湖泊富营养化治理历程、水专项湖泊主题研究概况；路线图篇包括第 2～5 章，分别给出湖泊富营养化控制与生态修复技术路线图的编制方法、中长期目标、技术体系及不同阶段技术需求和国家层面总体的湖泊富营养化控制与生态修复技术路线图；指导方案篇包括第 6～11 章，分别为指导方案编制方法，湖泊分区、分类、分级方法，分类施策，湖泊富营养化主控因子识别，湖泊主要水污染物削减阶段性目标确定及湖泊富营养化控制与生态修复适用性技术甄选。技术政策篇包括第 12 章，为湖泊富营养化控制与生态修复政策建议；案例篇为第 13～15 章，给出长江流域、巢湖、滇池富营养化控制与生态修复技术路线图及分类指导方案。

　　本书是湖泊富营养化控制与生态修复技术路线图及分类指导方案研编的工具书，可为国家和地方实施湖泊富营养化控制与生态修复提供技术指导和案例参考。本书内容兼顾理论性和实践性、系统性和针对性，从具体方法到典型案例，尽可能使读者能够掌握编制湖泊富营养化与生态修复技术路线图和分类指导方案的技术流程和关键技术。

本手册主要由刘琰、乔肖翠、李雪、丁帅撰写完成，参著人员还包括王海燕、卢延娜、葛思敏、齐童等。本书成果是对水专项湖泊主题多年来相关研究成果的梳理总结、凝练提升和研究探索，感谢湖泊主题相关项目课题众多研究人员前期扎实的研究基础；研究过程中得到"流域（区域）水污染治理模式与技术路线图"课题组及"流域水污染治理与水体修复技术集成与应用"项目组同事的大力支持和指导帮助，以及滇池等流域地方领导和同事的诸多帮助，在此一并表示感谢！

限于作者水平和时间，疏漏和不妥之处在所难免，恳请读者批评指正。

著　者

2023 年 12 月

◀ 目　　录

基 础 篇

路 线 图 篇

指导方案篇

技术政策篇

基 础 篇

第1章 绪 论

1.1 我国湖泊水环境现状

1.1.1 湖泊概况

1. 数量及面积

我国是一个多湖泊国家，湖泊总储水量约为 7057 亿 m^3，其中淡水储量约为 2250 亿 m^3，是我国最主要的淡水资源之一。

根据《中国湖泊调查报告》，我国面积大于 $1.0km^2$ 的天然湖泊有 2693 个，总面积达 $81745km^2$，约占全国陆地面积的 0.9%（中国科学院南京地理与湖泊研究所，2019）。

就面积而言，以特大型湖泊（>$1000km^2$）、大型湖泊（500~$1000km^2$）和中型湖泊（100~$500km^2$）为主体。青海湖、鄱阳湖、洞庭湖、太湖等面积在 $1000km^2$ 以上的特大型湖泊，加上面积在 $500km^2$ 以上的巢湖、鄂陵湖、羊卓雍错等大型湖泊，在全国湖泊总数中所占的比例仅为 1.1%，而面积却占了全国湖泊总面积的 50.5%。湖泊面积最大的三个省区是西藏自治区、青海省和江苏省，分别为 $28616.9km^2$、$13214.9km^2$ 和 $6372.9km^2$，分别占全国湖泊面积的 35.1%、16.2%和 7.8%。

就个数而言，以小型湖泊（<$100km^2$）占绝对优势，而面积在 $100km^2$ 以下的小型湖泊，虽然为数众多，占全国湖泊总数的 91%，但其总面积仅占全国湖泊总面积的 25.1%。拥有湖泊数量最多的两个省区是西藏自治区（833 个）、内蒙古自治区（395 个），分别约占全国湖泊总数的 30.9%、14.7%。

2. 湖泊类型及成因

湖泊是在一定的地理环境下形成和发展的，并且与环境诸因素进行着相互作用。我国湖泊按其成因可划分为八种类型，即构造湖、火山口湖、堰塞湖、冰川湖、盐溶湖、风成湖、河成湖和海成湖（中国科学院《中国自然地理》编辑委员会，1981；王洪道，1984；王洪道等，1989），我国湖泊成因类型与分布见表 1-1。我国湖泊以构造湖为主，在不同湖区均有构造湖分布。与此同时，各区域湖泊成因各不相同，东北湖区以火山口湖和堰塞湖为主，青藏高原以及新疆集中分布着冰川湖，云贵高原的湖泊主要是构造湖，另外还有火山口湖和盐溶湖，东部平原除了构造湖外，以河成湖为主；内蒙古和新疆的沙地主要是风成湖，而山东、广东和河北等地的沿海地区主要是海成湖。

表 1-1 我国湖泊成因类型与分布

类型	成因	地区分布	典型湖泊
构造湖	与地质构造的因素有关，是中国湖泊的主要类型	云贵高原、青藏高原、柴达木盆地、内蒙古、新疆和长江中下游	异龙湖、杞麓湖、滇池、抚仙湖、阳宗海、洱海、程海、泸沽湖、鄂陵湖、哈拉湖、青海湖、扎陵湖、羊卓雍错、玛旁雍错、呼伦湖、岱海、博斯腾湖、洞庭湖、鄱阳湖、巢湖、兴凯湖
火山口湖	火山喷火口休眠以后积水而成	东北、云南等地	腾冲火山口湖、长白山天池、五大连池等
堰塞湖	一类是由火山喷发的熔岩流拦截河谷而形成的；另一类是由地震或冰川、泥石流引起的山崩滑坡物质堵塞河床而形成的	火山堰塞湖在东北较为多见，而冰川或地震所形成的堰塞湖在西藏东南部较为常见	镜泊湖、五大连池、达里诺尔、易贡错、然乌错、古乡错
冰川湖	是由冰川挖蚀成的洼坑和水碛物堵塞冰川槽谷积水而成的一类湖泊	念青唐古拉山和喜马拉雅山区；新疆境内的阿尔泰山、天山和昆仑山	帕桑错、新路海（四川甘孜）、喀纳斯湖、八宿错、布冲错、天池、果海
盐溶湖	由于碳酸盐类地层经流水的长期溶解产生了洼地或漏斗，当这些洼地或漏斗中的落水洞被堵塞后，泉水流入其中而成为湖泊	贵州、广西、云南等省区	草海、纳帕海、星湖、万峰湖、仰天湖、凤凰湖、异龙湖、澄碧湖和天池湖
风成湖	沙漠中沙丘间的洼地低于潜水面，由四周沙丘汇集洼地而形成	毛乌素沙地、腾格里沙漠、塔克拉玛干沙漠、科尔沁沙地、浑善达克沙地及呼伦贝尔沙地	伊和扎格德海子
河成湖	河流泥沙在泛滥平原上堆积不均匀，造成天然堤之间的洼地积水而成；支流水系受阻，泥沙在支流河口淤塞，使河水不能排入干流而壅水成湖	江汉平原、淮河南岸、东北地区	南四湖、洪泽湖、城东湖、城西湖
海成湖	分布于滨海冲积平原地区，它是冲积平原与海湾沙洲封闭沿岸海湾所形成的湖泊	广东、山东、河北等沿海均有分布	太湖、西湖

3. 湖泊富营养化及影响

湖泊富营养化是指湖泊等水体接纳过量的氮、磷等营养物，使藻类以及其他水生生物异常繁殖，水体透明度和溶解氧变化，造成湖泊水质恶化，加速湖泊老化，从而使湖泊生态系统和水功能受到阻碍和破坏。一般而言，富营养化主要有天然富营养化与人为富营养化两种，二者的共同点均在于其产生原因上。湖泊出现天然富营养化则是湖泊水体生命的一个周期，从水体的生长到发育、老化、消亡，这是一个必经的过程，这一过程的周期很漫长，所以对其的描述通常都是以世纪或者地质年代来进行的。湖泊的人为富营养化则是由于人类大量排放的生活、生产污水以及工业废水含有使水体富营养化的物质，这种情况下，其演变的速度是极快的，甚至能够使水体在短时期内由贫营养状态变成富营养化的状态。

湖泊一旦发生富营养化，会对水生态环境产生重要影响，具体表现在：

1）危害水域生态系统

首先，湖泊富营养化对湖泊水体栖息物种的生存状态造成极大的影响。藻类出现暴发性的繁殖，水中大量的浮游藻类密集度太高将投射的光线阻挡在外，水底植物的光合速率就会因此而降低，导致水体中的溶解氧含量大幅度降低，影响底栖植物的生长发育。其次，当藻类出现大量的死亡，微生物在分解时也将消耗大量的溶解氧，造成水中溶解氧含量进一步降低。当低于一定程度时，水里的鱼虾类生物就会因缺氧而窒息死亡。

2）打破水生生态系统平衡

高度密集的水华浮游藻类会产生藻毒素，水中的水生物种会因此大量死亡，水体的初级生产力也会因之降低，浮游藻类的排泄物以及大量死亡的水生生物沉积在水底，沼泽湖泊开始陆地化；原本的群落结构被打破，从而导致水生生态系统中能流以及物质循环障碍，整个水体的生态系统遭到破坏。

3）破坏水域生态景观

水面漂浮着的大量浮游藻类、死亡的藻类以及鱼类，使原本透明清澈的水体变得越发浑浊，加剧了湖泊水库的沼泽化程度，对湖泊原本的生态景观造成极大的不利影响。与此同时，湖泊水体中腐烂的鱼虾等水生生物在腐烂过程中会产生恶臭，极大地影响水体景观价值。

4）影响饮用水安全

大多数的湖泊同时还兼具饮用水水源地的功能。随着富营养化加剧，部分湖泊产生蓝藻水华，蓝藻的次生代谢产物——微囊藻毒素（MCs）通过干扰脂肪代谢引起非酒精性脂肪肝，长期慢性 MCs 染毒可导致饮用人群的肝脏损伤，具有促癌效应。此外，水华产生的大量蓝藻在其死亡腐败阶段，在一些微生物的作用下，会产生各类异味物质，影响饮用水质量。

1.1.2 湖泊水环境现状

1. 湖泊水质状况

根据 2019 年 110 个国控湖泊的水质评价结果，水质为Ⅰ～Ⅲ类的湖泊有 72 个，占 65%；Ⅳ～Ⅴ类的有 32 个，占 29%；劣Ⅴ类有 6 个，占 5%。超过Ⅲ类标准的主要水质指标为总磷和化学需氧量，超标频次分别为 29% 和 10%。水质劣于Ⅲ类的湖泊主要位于东部平原湖区、云贵高原湖区和东北平原-山地湖区。

"十五"以来，国控湖泊水质改善显著。水质为Ⅰ～Ⅲ类的湖泊数量占比由 2003 年的 14.28% 提升到 2019 年的 65.45%，水质为劣Ⅴ类的湖泊数量占比由 2003 年的 75.0% 降低至 2019 年的 5.45%（图 1-1）。

"三湖"（太湖、巢湖、滇池，下同）中，太湖在"九五"期间水质恶化至劣Ⅴ类，"十五"期间水质改善效果不显著，"十一五"期间水质虽仍为劣Ⅴ类，但氮、磷浓度开始下降，"十二五"至"十三五"期间水质转为Ⅳ类。巢湖在"九五"至"十五"期间水质均为劣Ⅴ类，"十一五"至"十三五"期间水质改善至Ⅴ类。其中，2012～2014 年、2016 年、2019 年年均水质达到Ⅳ类。滇池在"九五"至"十二五"期间水质均为劣Ⅴ类，"十三五"末期水质改善至Ⅳ类。

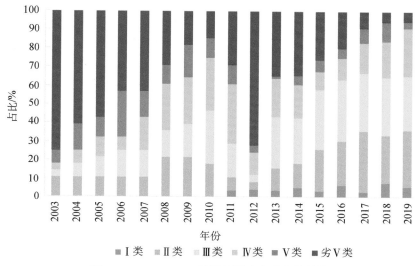

图 1-1 2003～2019 年国控湖泊水质变化趋势

国控湖泊主要水质指标改善也较为显著（图 1-2）。化学需氧量浓度由 2003 年的 20.14mg/L 降低至 2019 年的 12.95mg/L，下降 36%；氨氮浓度由 2003 年的 0.43mg/L 降低至 2019 年的 0.17mg/L，下降 60%。

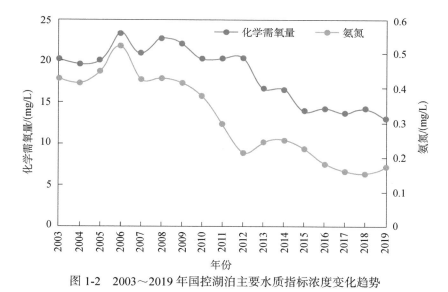

图 1-2 2003～2019 年国控湖泊主要水质指标浓度变化趋势

2. 湖泊营养状态

"十五"以来，国控湖泊营养状态恶化的趋势得到有效遏制。营养状态为贫营养和中营养的湖泊占比由 2003 年的 38.46% 提高到 2019 年的 74.11%，中度富营养化的湖泊占比由 2003 年的 38.46% 降低至 2019 年的 3.57%。2003 年，重度富营养化湖泊占比为 11.54%，2011 年开始无重度富营养化湖泊（图 1-3）。

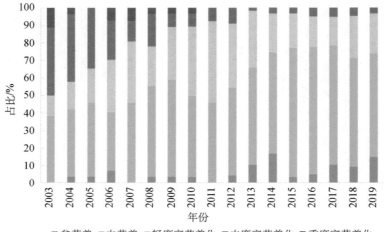

图 1-3　2003～2019 年国控湖泊营养状态变化趋势

　　"三湖"中，太湖"十一五"期间营养状态由中度富营养化转为轻度富营养化，"十二五""十三五"期间总体保持轻度富营养化状态。巢湖"十一五"全湖营养状态由中度富营养化转为轻度富营养化，"十二五""十三五"期间综合营养状态指数持续改善，但仍处于轻度富营养化状态。滇池"十一五"期间处于重度和中度富营养化状态，"十二五"时期改善至中度富营养化状态，"十三五"后期进一步改善至轻度富营养化状态。

　　国控湖泊营养盐指标和营养状态响应指标均有显著改善，如图 1-4 所示。营养盐指标中，高锰酸盐指数浓度由 2003 年的 4.93mg/L 降低至 2019 年的 3.0mg/L，较 2003 年降低 39%；总氮浓度由 2003 年的 1.96mg/L 降低至 2019 年的 1.48mg/L，降低 24%；总磷浓度由 2003 年的 0.11mg/L 降低至 2019 年的 0.04mg/L，降低 64%。营养状态响应指标中，叶绿素 a 浓度由 2003 年的 0.82mg/L 降低至 2019 年的 0.07mg/L，改善 91%；透明度由 2003 年的 85.46cm 提升至 2019 年的 180cm，改善 111%。

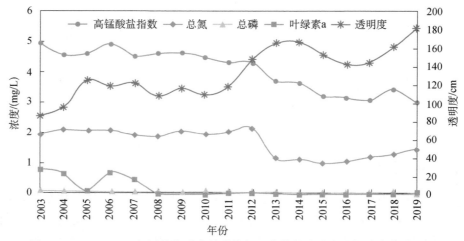

图 1-4　2003～2019 年国控湖泊营养盐指标和营养状态响应指标浓度变化趋势

1.2　湖泊水生态环境主要问题

近几十年来，尽管国控湖泊的水质和营养状态得到了较大的改善，但从全国湖泊的整体情况看，随着区域气候环境变化和人类活动干扰加剧，湖泊数量、形态和分布发生了较大变化，而且湖泊水量、水质和水生生物种群与数量的变化也较为显著，一定程度上影响了流域经济社会可持续发展和居民生活安定。目前我国湖泊面临的主要问题有：

1）湖泊数量和面积减少，湖泊蓄水能力下降

湖泊是淡水资源的重要储存器和调节器，在流域水资源供给和洪水调蓄方面发挥着不可替代的作用。尤其是在我国东部平原区，湖泊承担的供水和防洪功能在保障流域居民安居乐业方面的地位更是举足轻重。近 30 年来，除位于青藏高原和蒙新高原湖区的冰川末梢、山间洼地、河谷湿地有少量新生湖泊外，湖泊萎缩消亡成为湖泊变化的主要趋势。长江中下游地区是近百年来我国湖泊数量和面积变化最显著的区域，虽然近 30 年来消失湖泊的数量和面积分别仅占全国的 44.4% 和 6.8%，但因淤积萎缩和围垦减少的湖泊面积巨大。蒙新高原湖区是我国近 30 年来消失湖泊数量最多、面积最大的湖区，其消失湖泊个数（126 个）和面积（7374.2km²），分别约占同期全国消失湖泊总数和面积的 51.9% 和 92.3%。此外，青藏高原受降水径流补给的众多湖泊萎缩现象也十分普遍。

2）湖泊水质有待提高

尽管"十五"以来，国控湖泊水质整体改善明显，但 2019 年仍有 29% 的国控湖泊水质为Ⅳ～Ⅴ类，水质为劣Ⅴ类的湖泊占比为 6%。总磷和化学需氧量为主要的湖泊水质超标指标，其中水质超Ⅲ类的湖泊中有 84.21% 的湖泊（水库）出现总磷超标。部分湖泊水质不升反降，如斧头湖、高邮湖、焦岗湖、南四湖、玉滩水库由 2016 年的Ⅲ类水质下降到 2019 年的Ⅳ类水质，超标指标为总磷；千岛湖由 2016 年的Ⅰ类水质下降到 2019 年的Ⅲ类水质。

3）藻类水华仍对湖泊生态环境构成较大威胁

2019 年有 26% 的国控湖泊处于轻度和中度富营养化状态。与 2013 年相比，2019 年有 18 个国控湖库综合营养状态指数呈上升加重趋势，其中菜子湖、东平湖、斧头湖、洪湖、骆马湖、南漪湖、松花湖由中营养状态变为轻度富营养化状态，龙感湖则由中营养状态变为中度富营养化状态。"十五"以来，经过系统治理，"三湖"入湖污染负荷得到有效控制，但水华暴发频次居高不下。2020 年 1～9 月，太湖水华暴发频次为 115 次，平均水华面积为 127.93km²，最大水华面积为 984km²；巢湖水华暴发频次为 58 次，平均水华面积为 65.68km²，最大水华面积为 302.86km²；滇池水华暴发频次为 10 次，平均水华面积为 29.87km²，最大水华面积为 112.63km²。其中，太湖、巢湖、滇池最大水华面积较 2019 年同期分别增加 6.8%、44.4%、156.9%。

4）湖泊生态系统退化，生物多样性下降

近几十年来，我国湖泊生态系统总体处于不断退化状态，集中表现为鱼类资源种类减少，数量大幅下降，生物多样性不断降低，高等水生维管束植物与底栖生物分布范围缩小，而浮游植物（藻类）等大量繁殖并不断聚集形成生态灾害。太湖鱼类资源种类由 20

世纪 60 年代的 106 种下降到目前的 60～70 种，洄游性鱼类几乎绝迹；底栖动物等大型软体动物减少，耐污种增加。

总体来说，湖泊萎缩消亡、水质下降和生态退化等一系列问题的出现，引起湖泊调蓄能力大幅减少，加重流域洪水灾害，威胁流域工农业生产和居民生活用水，影响湖泊渔业生产和生物资源可持续利用，危及湖泊生物多样性和区域生态平衡，导致湖泊生态系统服务功能降低乃至丧失，成为我国经济社会可持续发展和生态文明水平提高的瓶颈。

1.3 我国湖泊富营养化治理历程

1.3.1 湖泊富营养化趋势及阶段性特征

流域经济社会的不协调发展是我国湖泊富营养化的根本原因。我国大部分湖泊流域人口密度较高，人类活动对湖泊环境影响较大。同时，近 30 年我国经济增长基本完成了发达国家近百年的任务，快速的城市化、工业化和农业集约化，致使土地过度开发利用；水污染物排放量超过水环境承载力；对湖泊资源的过度索取，破坏了湖泊生态系统的自我修复能力，最终导致湖泊水环境和生态系统的不断恶化。总体上，我国湖泊富营养化阶段性特征可分为六个明显的时期，这与我国经济社会发展的时空变化关系密切（表 1-2）。

表 1-2 我国不同经济发展阶段富营养化湖泊特征

时期	发展阶段	富营养化湖泊	经济发展特征	经济水平
1980 年前	自然发展期	城市湖泊	计划经济阶段（区域经济发展均衡）	经济水平较低
1980～1989 年	开始发生期	城市湖泊和部分大中型湖泊	非均衡发展阶段（重点发展东部沿海地区经济）	GDP 开始快速增长，平均增速 9.1%，第二产业占优
1990～1999 年	快速发展期	部分大中型湖泊	非均衡发展阶段（加快西部、东北和中部经济发展）	GDP 平均增速为 10.5%，第二、第三产业发展迅猛
2000～2009 年	缓慢扩张期	大多数中型湖泊	协调区域经济发展阶段（四大经济区协调发展）	GDP 保持 8%增长，城市化、工业化和农业化水平空前
2010～2018 年	波动震荡期	相当数量的湖泊进入富营养化	区域经济初步协调发展阶段（四大经济区协调发展）	GDP 保持 7%以下增长，经济规模进一步增大
2019 年以来	缓慢恢复期	多数湖泊水质恶化的趋势得到遏制	区域经济社会由高速增长向高质量发展转变	GDP 保持 7%以下增长，经济结构逐渐优化

自然发展期（1980 年前）：我国经济整体上处于自然发展阶段，人类活动输入湖泊的污染物较少，湖泊环境总体上保持良好状态，湖泊氮、磷主要来源于生活污染。湖泊富营养化现象主要出现在人口较为密集的城市小型湖泊，如武汉东湖等。

开始发生期（1980～1989 年）：我国经济开始取得较快发展，GDP 在 10 年间翻了近 4 倍，产业结构也发生了较大变化，第二产业逐渐占据主要位置，第一产业比例减小而第三产业比例上升明显，表明该时期是我国工业化和城市化的初始时期，湖泊水体氮、磷主要来自于生活污水和工业废水，导致城市周边湖泊，如玄武湖、东山湖、西湖和墨水湖等都出现了富营养化现象。该时期，东部地区经济发展较快，导致该地区多数大中型湖泊开始富营养化，如太湖和巢湖等相继在 20 世纪 80 年代末进入富营养化阶段。

快速发展期（1990～1999 年）：我国城市化、工业化和农业集约化取得了长足进步，GDP 较改革开放初期增长了近 22 倍，第二、第三产业继续保持强有力增长。对于第一产业而言，尽管总产值比改革开放初期增加了 1.4 倍，但是化肥施用量却增长了近 3.3 倍。在区域层面，国家开始加快了西部、中部和东北地区的经济建设步伐，导致全国范围的大中型湖泊富营养化比例迅速升高，东部平原地区富营养化湖泊数量进一步增加，如长江中下游乡镇企业的快速发展，引起以太湖为代表的浅水型湖泊迅速步入富营养水平。而经济相对落后的洞庭湖和鄱阳湖也已经具备了富营养化的营养盐条件。同时，该阶段东北地区、蒙新地区和云贵高原地区部分受人类影响剧烈的大中型湖泊也陆续进入富营养化，如乌梁素海和镜泊湖由于严重的农业面源污染迅速呈现富营养化。滇池则由于城镇化发展迅速、人口剧增、生活污染和面源输入过多等水质恶化。

缓慢扩张期（2000～2009 年）：我国经济社会发展逐步进入新阶段，GDP 保持 8%左右的年增速，城市化、工业化和农业现代化取得全面发展，各地区湖泊均不同程度存在富营养化问题或面临富营养化风险，富营养化在全国呈现继续蔓延扩散态势，富营养化程度和危害进一步增加。例如，2007 年无锡市太湖区域暴发大规模蓝藻水华并引发饮用水危机事件，成为我国湖泊生态环境恶化的重要标志。该阶段，太湖、巢湖、滇池和武汉周边湖泊等蓝藻水华事件频发。

波动震荡期（2010～2018 年）：我国湖泊治理取得了一定成效，如"十一五"和"十二五"期间，滇池累计投入近 500 亿元开展环湖截污、面源治理、生态修复和生态补水等工程，草海水质迅速改善，外海水质虽未呈现出和草海相同的改善效果，但其水污染治理成效也在逐渐显现。然而，在未来一段时间，我国人口将继续增加，资源和能源消耗将持续增长，湖泊富营养化控制仍面临较大的风险，由此造成的我国湖泊环境保护压力依然较大。

缓慢恢复期（2019 年以来）：随着"美丽中国"建设目标的提出以及"十四五"流域规划提出"三水"统筹的指标体系，湖泊水污染防治与水生态修复得到了进一步重视，同时随着湖滨湿地及湖滨缓冲带面积逐渐增加，湖泊水生态环境状况有了显著改善，湖泊富营养化恶化的趋势整体上得到有效遏制。与此同时，我国的经济发展由高速增长向高质量发展转变，在绿色发展、低碳发展的背景下，产业结构得到进一步调整和优化，湖泊水生态环境保护面临着较好的机遇。

1.3.2 湖泊富营养化治理过程

我国湖泊出现富营养化始于 20 世纪 50 年代，随着人口不断增加，经济社会的快速发展，湖泊水污染和富营养化问题逐渐成为我国环境、资源和生态安全的重要威胁之一。其富营养化治理历程经过了从单一调查诊断、控源治污、控源与生态修复相结合等向以保障湖泊生态安全和建设绿色流域为核心的综合治理阶段转变（王圣瑞等，2016；王圣瑞和李贵宝，2017），总体上，我国湖泊保护和治理历程可分为五个阶段（表 1-3）。

表 1-3 我国湖泊保护和治理的探索历程

时期	发展阶段	对湖泊问题的认识	治理理论及思路	技术体系发展
1950～1989 年	调查诊断	开始关注湖泊问题	湖泊富营养调查研究	湖泊富营养化调查技术、营养状态评价方法等
1990～1999 年	控源治污	单一水污染问题	控源治污，总量控制	生活及工业污水处理技术、湖泊污染底泥疏浚技术
2000～2009 年	湖泊综合治理	湖泊水生态问题	污染源控制＋生态修复＋流域管理	湖滨带与缓冲带生态修复技术、湖泊水生态保育成套技术
2010～2018 年	湖泊流域综合治理	综合性的湖泊流域生态环境问题	优先保护，保障湖泊生态安全，建设绿色流域，实现湖泊流域协调发展	湖泊生态安全评估技术，绿色流域建设成套技术等综合技术
2019 年以来	治理与修复并重	湖泊流域水环境、水生态和水资源统筹	以湖泊水生态环境持续改善为核心，坚持减排+增容，统筹水环境、水生态、水资源	湖泊流域生境改善和生态修复技术

调查诊断阶段（1950～1989 年）：该阶段我国湖泊开始出现富营养化问题，科学家开始关注湖泊问题，对湖泊保护和治理的探索以调查诊断为主，实施了诸如主要污染物水环境容量研究、全国主要湖泊水库富营养化调查研究和典型湖泊氮、磷容量与富营养化综合防治技术研究等项目，对我国湖泊及其富营养化现状有了全面的认识，湖泊富营养化的调查诊断技术得到了长足的发展，建立了湖泊富营养化调查方法与指标体系，发展了湖泊营养状态评价方法。

控源治污阶段（1990～1999 年）：该阶段是我国工业化和城镇化快速发展阶段，工业和城镇生活污水成为我国湖泊营养盐的主要来源。因此，该阶段湖泊治理以"控源治污"的思路为主，治理主要围绕控制城镇工业和生活点源以及湖泊的内源污染进行。该时期生活及工业污水处理技术、湖泊污染底泥疏浚技术等得到了大力发展。

湖泊综合治理阶段（2000～2009 年）：随着湖泊控源治污及对湖泊治理研究的深入，逐步认识到单纯的控源治污无法真正实现对湖泊富营养化的控制，湖泊富营养化问题不是单一的水质问题，而是更为综合的水生态问题。只有实现湖泊生态系统的良性循环，才能发挥湖泊生态系统巨大的自我调节能力，才能实现湖泊水污染及富营养化的控制。因此，在这一时期提出了新的湖泊治理思路，即"污染源控制＋生态修复＋流域管理"综合治理，并在此基础上提出了湖泊生态修复的"三圈"理论，即把湖泊流域划分成三个类型的生态带，包括侵蚀区（山区、半山区）、湖滨带（又可称为湖泊水陆生态交错带）以及湖泊浅水区。在进行湖泊污染源治理的同时，必须对流域的"三圈"进行生态系统恢复与重建。在之后的十多年，国务院批准的"三湖"治理规划均以该理论为指导，如"十五"针对太湖流域提出了治污工程、生态恢复工程和强化管理工程三大工程方案，除城镇污水处理、工业点源治理等污染源控制项目外，还布局了多个生态修复、生态示范工程与环境管理能力建设等项目。同时，该时期湖滨带和缓冲带生态修复技术，如人工湿地技术、前置库技术、人工浮岛技术与湖泊陡岸带基底恢复技术等得以发展。此外，以水生植物恢复为核心的湖泊水体水质改善与生态修复成套技术也得到了较好的发展和应用。

湖泊流域综合治理阶段（2010～2018 年）：经过近 30 年湖泊保护与治理实践，进一步认识到湖泊富营养化的实质是流域污染水平与经济社会发展模式的客观反映。流域经济社会发展状况、环境污染程度与流域生态环境水平直接影响湖泊水质与富营养化状态及变化趋势。因此，从保障湖泊生态安全与系统控制论的思想出发，将湖泊水污染防治与全流域经济社会发展、流域生态系统建设及民众文明生产生活行为融为一体，结合洱海、抚仙湖、星云湖和杞麓湖的水污染治理工作，提出了以"绿色流域建设+流域清水产流机制修复+湖泊水体生境改善"为主的理念和思路，以及基于湖泊承载力的流域经济协调发展模式的湖泊保护治理理念。以上湖泊保护治理思路和理念的提出标志着我国湖泊保护和治理进入了一个新阶段，对湖泊富营养化问题有了新的认识：湖泊是一个兼具自然属性和社会属性的流域复合生态系统，湖泊富营养化问题不仅是一个自然科学问题，更是一个社会问题，生产生活方式、发展理念对湖泊生态系统有着至关重要的影响。随着湖泊保护及治理思路的转变，需要更为综合的技术体系，该时期得以发展的湖泊保护和治理技术有湖泊生态安全评估技术、绿色流域建设成套技术等。

治理与修复并重阶段（2019年以来）：党的十九大确定了2035年"生态环境根本好转，美丽中国目标基本实现"的奋斗目标。习近平总书记多次强调，要坚持山水林田湖草沙一体化保护和系统治理。体现在水生态环境保护领域，需要在持续改善水质的基础上，实施水生态保护修复，逐步实现"清水绿岸、鱼翔浅底"的美好景象。2019年12月，生态环境部印发《重点流域水生态环境保护"十四五"规划编制技术大纲》，明确提出要突出水资源、水生态、水环境"三水"统筹，实现"有河有水，有鱼有草，人水和谐"的目标，标志着"十四五"期间湖泊保护进入到了治理与修复并重的阶段。一方面，针对富营养化、蓝藻水华以及湖泊生态系统健康保障等难点问题开展专题研究；另一方面，针对湖泊流域的水生态修复，应坚持保护优先、自然恢复为主的方针，优先对湖滨缓冲带等重要生态主导功能不相符（矛盾）的生产、生活活动进行清理整治，然后以当地的自然状态为参照，根据当前水生态受损情况和现实条件，选择适宜的措施。

1.4 水专项湖泊主题研究概况

1.4.1 湖泊主题目标

水专项湖泊主题的研究目标是全面掌握流域污染源和经济社会发展情况及其与湖泊水质变化、富营养化之间的响应关系，初步提出解决我国湖泊水污染和富营养化治理的基本理论体系框架，研发不同类型湖泊水污染治理和富营养化控制自主创新的关键技术，形成湖泊水污染和富营养化控制的总体方案。攻克一批具有全局性、带动性的水污染防治与富营养化控制关键技术；选择太湖流域作为综合示范区，其他不同类型典型湖泊和水库作为本专项技术示范区，有效控制示范湖泊、水库的富营养化，实现研究示范区水质显著改善，形成符合国情的湖泊流域综合管理体系，为我国湖泊水污染防治与富营养化全面控制、水环境状况的根本好转奠定技术基础，同时也为确保湖泊流域污染物排放总量得到有效削减、水环境质量得到明显改善、饮用水安全得到有效保障提供成套技术与成功经验。

1.4.2 湖泊主题研究内容

针对我国湖泊富营养化及流域水污染问题十分突出，严重影响湖区人民的生产生活与饮用水安全，极大地制约了区域经济社会可持续发展的情况，考虑我国湖泊类型众多，且位于不同地理区域并处于不同经济发展及富营养化发展过程，选择富营养化类型、营养水平、湖泊规模、形成机理和所处地区不同的典型湖泊，开展综合诊断，制定与湖泊营养水平、类型、阶段和地区经济水平相适应的富营养化湖泊综合整治方案，选择具有典型性和代表性的湖泊水域及流域重点集水区开展工程示范。基于以上研究，逐步实现由湖泊及其集水区的重点控源与局部湖区水质改善向湖泊整体水环境质量明显改善转变的国家水专项的战略目标，为我国当前与今后大规模开展不同类型湖泊富营养化治理提供成套技术与管理经验。

1.4.3 湖泊主题项目设置

"十一五"至"十三五"水专项湖泊主题共设置 21 个项目、135 个课题，中央财政经费投入约 26.5 亿元。其中，"十一五"设置 6 个项目、44 个课题，中央财政经费投入约 6.8 亿元，重点研究的湖泊为太湖、滇池、巢湖、三峡水库、洱海、博斯腾湖；"十二五"设置 5 个项目、38 个课题，中央财政经费投入约 8.5 亿元，重点研究的湖泊为太湖、滇池、巢湖、三峡水库、洱海；"十三五"设置 10 个项目、53 个课题，中央财政经费投入约 11.2 亿元，重点研究湖泊太湖、巢湖、滇池等（表 1-4 和图 1-5）。

表 1-4 水专项"十一五"至"十三五"湖泊主题项目设置情况

序号	项目编号	项目名称	中央财政/万元	地方财政/万元	合计/万元
		"十一五"			
1	2008ZX07101	太湖富营养化控制与治理技术及工程示范项目	29237	65600	94837
2	2008ZX07102	滇池流域水污染治理与富营养化综合控制技术及示范项目	6015	15000	21015
3	2008ZX07103	巢湖水污染治理与富营养化综合控制技术及工程示范项目	8414	16500	24914
4	2009ZX07104	三峡水库水污染防治与水华控制技术及工程示范项目	6889	4100	10989
5	2008ZX07105	富营养化初期湖泊（洱海）水污染综合防治技术及工程示范项目	6812	13500	20312
6	2009ZX07106	湖泊水污染治理与富营养化控制共性关键技术研究项目	10734	10064	20798
合计			68101	124764	192865
		"十二五"			
1	2012ZX07101	太湖富营养化控制与治理技术及工程示范	38437.34	87322.16	125759.50
2	2012ZX07102	滇池流域水环境综合整治与水体修复技术及工程示范	13688.77	33700.00	47388.77
3	2012ZX07103	巢湖水污染控制与重污染区综合治理技术及工程示范	13724.55	21495.00	35219.55

续表

序号	项目编号	项目名称	中央财政/万元	地方财政/万元	合计/万元
		"十二五"			
4	2012ZX07104	三峡水库水污染综合防治技术与工程示范	10611.72	15180.00	25791.72
5	2012ZX07105	洱海水污染防治、生境改善与绿色流域建设技术及工程示范	8115.72	14217.20	22332.92
合计			84578.10	171914.36	256492.46
		"十三五"			
1	2017ZX07202	重污染区（武进）水环境整治技术集成与综合示范	22572.27		22572.27
2	2017ZX07203	梅梁湾滨湖城市水体水环境深度改善和生态功能提升技术与工程示范	10608.72		10608.72
3	2017ZX07204	望虞河西岸清水廊道构建和生态保障技术研发与工程示范	9787.96		9787.96
4	2017ZX07205	苏州区域水质提升与水生态安全保障技术及综合示范项目	6905.45		6905.45
5	2017ZX07206	嘉兴市水污染协调控制与水源地治理改善项目	12510.09		12510.09
6	2018ZX07208	太湖流域水环境管理技术集成与业务化运行	17837.86	15088	32925.86
7	2017ZX07301	流域水质目标管理技术体系集成研究项目	11981.50		11981.50
8	2017ZX07401	流域水污染治理与水体修复技术集成与应用项目	6451.28		6451.28
9	2017ZX07603	巢湖派河小流域水污染综合治理与湖体富营养化管控关键技术应用推广	8314.93		8314.93
10	2018ZX07604	滇池流域水环境改善技术集成及应用示范	4876.50	10000	14876.50
合计			111846.56	25088	136934.56
总计			264525.66	321766.36	586292.02

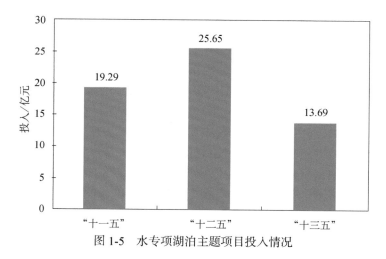

图 1-5　水专项湖泊主题项目投入情况

水专项前期主要研究成果包括：完成国内外已有技术资料系统收集、整理与分析，形成《国外湖泊水污染控制与富营养化治理案例研究》报告；形成较为系统的湖泊富营养化成因诊断方法；在长期湖泊治理研究与实践的基础上，基于"九五""十五""十一五"期间在太湖、滇池、巢湖、洱海、抚仙湖、星云湖、杞麓湖、长寿湖等湖泊所开展的水污染防治研究与探索，针对不同类型湖泊特征与水污染现状，凝练形成发达地区大型浅水型湖泊、高原重污染湖泊、发展中地区大型浅水型湖泊、富营养化初期湖泊、大型水库这几种不同类型湖泊治理的理念、思路与技术体系，建立具有多媒体演示功能的主要湖泊流域综合管理平台；根据我国湖泊富营养化特征及治理技术需求，围绕综合调控、控源减排、生境改善、生态修复、流域管理等方面开展了系列技术研发；对水专项"十一五""十二五"研发的湖泊富营养化控制与生态修复技术进行了系统梳理。

1.5 本书作用及目的

我国湖泊数量众多，类型多样，分布广泛，约有 2 万个湖泊，占全世界天然湖泊的 1/10。小型湖泊为主、浅水型湖泊占优是我国湖泊固有的特点，且湖泊区域性差异显著，湖泊水资源年内季节变化和多年变化显著。湖泊存在的主要生态问题是湖面萎缩、水质恶化与富营养化、生态功能退化、资源急剧减少、河湖连通受阻等。近年来，我国已经加大对湖泊的治理力度，但湖泊整体水生态环境保护的形势仍不容乐观，部分湖泊资源开发利用程度已达到生态极限并威胁到区域生态安全，依托湖泊资源开发的城市发展布局成为影响湖泊水环境的重要隐患。

到 2035 年美丽中国建设目标基本实现的总体目标，成为加强湖泊治理与保护，改善湖泊水生态环境的基本遵循。"十一五"以来，依托水专项，实施了 21 个项目，投入了 58.6 亿元，以太湖、滇池等重点湖泊为研究对象，研发了一系列系统控源、入湖河流治理、水体生境改善及调控管理技术，部分成果在重点湖泊富营养化控制与生态修复中发挥了重要作用。为进一步推进我国湖泊富营养化控制与生态修复进程，面向地方湖泊污染防治需求，在系统梳理水专项湖泊相关研究成果的基础上，按照"在国家层面形成系列化、规范化和标准化的流域水污染治理"的总体要求，编制了指导湖泊富营养化控制与生态修复的系列技术文件，包括技术路线图、分类指导方案和技术政策。

技术路线图是湖泊治理与保护的中长期纲要，在 2035 年美丽中国建设目标基本实现的总体目标要求下，分别提出 2025 年、2030 年以及 2035 年湖泊生态环境保护的阶段性总体目标、具体指标目标、主要任务以及主要的技术路径。技术路线图可为国家和地方明确湖泊治理与保护总体方向、提出阶段性目标及主要任务提供技术指导。省、市、县级人民政府可参照国家湖泊富营养化控制与生态修复技术路线图，编制辖区内湖泊富营养化控制及生态修复技术路线图。行政区域内有多个湖泊的，可一个湖泊编制一个技术路线图，也可为多个湖泊编制总体技术路线图。

分类指导方案为落实技术路线图中的阶段性富营养化控制与生态修复目标提供解决方案，侧重于阐明湖泊分区、分类、分级方法、湖泊富营养化及生态受损问题识别及成因诊断、不同类型湖泊富营养化控制与生态修复的思路和策略。分类指导方案可指导地方如何针对现阶段湖泊的问题编制富营养化控制与生态修复方案。行政区域内有多个湖泊的，可一个湖泊编制一个方案，也可多个湖泊编制一个方案。

技术政策是实施湖泊富营养化控制与生态修复的政策保障。

技术路线图、分类指导方案和技术政策互相支撑，共同发挥作用，推动我国湖泊水生态环境持续改善，逐步实现湖泊治理与保护目标。

路线图篇

第 2 章　湖泊富营养化控制与生态修复技术路线图编制方法

2.1　总体思路

为实现湖泊富营养化控制与湖泊生态功能保障这一核心目标，基于湖泊富营养化及生态完整性变化过程和污染成因诊断结果，从全局的、长远的观点出发研究湖泊富营养化控制和生态修复的战略方向、战略目标、战略重点和战略规划，进而明确湖泊富营养化现状与治理战略目标之间的差距，并为弥补这个差距而提出应采取的策略和总体性行动谋划。首先，从国家湖泊富营养化控制与生态修复的重大需求出发，基于当前湖泊水生态环境现状及富营养化驱动因子分析，系统诊断湖泊水环境问题；以保障湖泊水生态环境持续改善，符合国家总体管理目标要求为首要原则，分析与目标之间的差距；根据不同阶段湖泊富营养化控制与生态修复的重点任务，结合不同技术类型的作用和应用特点，提出近期（2021～2025 年）、中期（2026～2030 年）、远期（2031～2035 年）湖泊富营养化控制与生态修复的技术路线图。

2.2　编制原则

（1）改善生态、优化经济。贯彻落实科学发展观，体现生态文明，以湖泊氮磷营养物环境容量和承载力为科学依据，将改善湖泊和流域生态、控制湖泊富营养化、保障湖泊生态功能和水质目标作为推动经济社会可持续发展的重要支柱；正确处理湖泊环境保护与经济社会发展的关系，将单纯解决氮磷引起的富营养化问题转向将发展与环境保护协调起来，使湖泊环境保护为经济发展保驾护航，经济发展为湖泊富营养化控制和生态修复提供经济基础，以保护湖泊环境，优化经济发展，在发展中落实湖泊环境保护，在保护中促进经济发展，坚持湖泊流域的节约发展、绿色发展、清洁发展、科学发展，体现生态文明和党中央、国务院保护环境的宗旨。

（2）强化标准、容量控制。加强湖泊水环境保护，以湖泊氮磷营养物环境容量和水环境承载力为依据，统筹考虑水资源时空分布，转变流域经济增长方式，调整经济结构、优化耗水和污水排放企业布局，合理确定经济规模和发展速度。以科学制定湖泊营养物基准、富营养化控制标准及主要污染物排放标准体系为依据，实施严格的重点湖泊流域环境保护法律、法规和政策，并通过提高环境准入"门槛"，严格控制高能耗、高物耗、高污染的建设项目。同时，生产力布局要考虑湖泊及其流域的资源禀赋、环境容量。

（3）水陆统筹、综合防治。转变过去以行政单元管理为主的湖泊水系管理体系，从流域的整体性、系统性出发，重视水陆统筹的湖泊流域环境污染的预防、生态建设和系统管理，统筹流域水陆之间的协调关系，兼顾流域生态系统健康、环境功能保障和流域经济社会的可持续发展，采用技术、经济、行政、法律等综合手段进行湖泊流域全过程污染防治。

（4）系统减排、流域管理。针对目前湖泊流域污染源控制、湖泊营养物氮磷减排和环境质量目标管理尚没有建立响应关系的情况，尽快统筹湖泊流域污染源控制和绿色流域管理，将二者从管理手段、控制目标等方面有机结合起来，通过污染源控制、源头减排、过程削减和生态修复不断削减排入湖泊的污染物总量，减缓对湖泊环境系统的压力和胁迫，为湖泊水质改善、水生态系统恢复提供坚实的基础。

2.3　技术流程

湖泊富营养化控制及生态修复技术路线图的编制主要包括以下几个技术环节。

（1）确定阶段性目标。根据国家环境保护及水生态环境管理的总体目标和分阶段目标，结合湖泊流域经济社会发展水平及湖泊水生态环境质量现状，明确湖泊水生态环境保护的总体战略及近期（2021～2025 年）、中期（2026～2030 年）、远期（2031～2035 年）分阶段目标。

（2）分析差距和原因，明确技术需求。从水生态、水环境及水资源等方面，对比湖泊水生态环境现状与阶段性目标的差距，分析主要原因，识别制约因素，明确为实现目标的重点任务和污染治理及生态修复的技术需求。

（3）技术体系梳理及评估。对湖泊富营养化控制及生态修复的技术体系进行梳理，对不同技术的作用、适用条件等进行评估，明晰技术的发展路径。

（4）不同治理阶段的技术匹配。根据湖泊水生态环境现状与目标的差距分析，结合重点任务及技术需求，充分衔接技术体系梳理及评估结果，为不同治理阶段匹配适宜的技术。

湖泊富营养化控制与生态修复技术路线图制定技术流程见图 2-1。

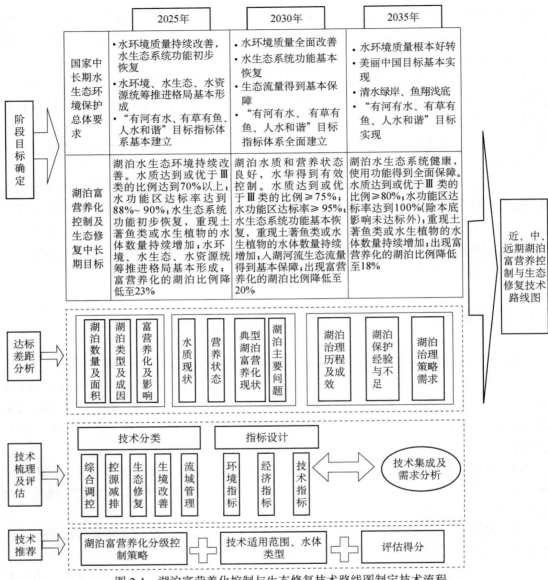

图 2-1 湖泊富营养化控制与生态修复技术路线图制定技术流程

第 3 章　湖泊富营养化控制与生态修复中长期目标

3.1　生态环境保护中长期目标

党的十九届五中全会审议通过的《中共中央关于制定国民经济和社会发展第十四个五年规划和二〇三五年远景目标的建议》，把"生态文明建设实现新进步"作为"十四五"时期经济社会发展主要目标之一，将"广泛形成绿色生产生活方式，碳排放达峰后稳中有降，生态环境根本好转，美丽中国建设目标基本实现"作为到 2035 年基本实现社会主义现代化远景目标之一，这为新发展阶段进一步做好生态环境保护工作提供了目标指引。

按照 2035 年"美丽中国建设目标基本实现"的总体部署，生态环境部确定了生态环境保护的中长期目标，总结如下：

"十四五"期间（2021~2025 年）：生态环境持续改善。至 2025 年，生态文明建设实现新进步，生态环境持续改善，基本消除重污染天气，基本消除城市黑臭水体，主要污染物排放总量持续减少。

"十五五"期间（2026~2030 年）：生态环境全面改善。至 2030 年，生态文明建设实现新提升，生态环境全面改善。

"十六五"期间（2031~2035 年）：生态环境根本好转。至 2035 年，生态文明体系全面建立，生态环境根本好转，广泛形成绿色生产生活方式，美丽中国建设目标基本实现。

到 21 世纪中叶，生态文明全面提升。绿色发展方式和生活方式全面形成，人与自然和谐共生，生态环境领域国家治理体系和治理能力现代化全面实现，建成美丽中国。

3.2　水生态环境保护中长期目标

水生态环境保护的中长期目标如下：

至 2025 年，水环境质量持续改善。地表水质量达到或优于Ⅲ类水质比例达到 85%，水功能区达标率达到 88%~90%；水生态系统功能初步恢复，重现土著鱼类或水生植物的水体数量持续增加；水环境、水生态、水资源统筹推进格局基本形成；"有河有水、有草有鱼、人水和谐"目标指标体系基本建立。

至 2030 年，水环境质量全面改善。地表水质量达到或优于Ⅲ类水质比例达到 85%以上，水功能区达标率达到 95%以上；水生态系统功能基本恢复，重现土著鱼类或水生植物的水体数量持续增加；生态流量得到基本保障；"有河有水、有草有鱼、人水和谐"目标指标体系全面建立。

至 2035 年，水环境质量根本好转。地表水质量达到或优于Ⅲ类水质比例达到 85% 以上，水功能区达标率达到 100%（除本底影响未达标外）；重现土著鱼类或水生植物的水体数量持续增加，实现"清水绿岸、鱼翔浅底"；"有河有水、有草有鱼、人水和谐"的目标实现。

3.3 湖泊水生态环境保护中长期目标

根据国控湖泊当前的水质和营养状况，本书提出湖泊富营养化控制及生态修复的中长期目标，如下：

至 2025 年，湖泊水生态环境持续改善。国控湖泊水质达到或优于Ⅲ类的比例达到 70% 以上；水功能区达标率达到 88%～90%；水生态系统功能初步恢复，重现土著鱼类或水生植物的水体数量持续增加；水环境、水生态、水资源统筹推进格局基本形成；出现富营养化的湖泊比例降低至 23%。

至 2030 年，湖泊水质和营养状态良好，水华得到有效控制。国控湖泊水质达到或优于Ⅲ类的比例达到 75% 以上；水功能区达标率达到 95% 以上；水生态系统功能基本恢复，重现土著鱼类或水生植物的水体数量持续增加；入湖河流生态流量得到基本保障；出现富营养化的湖泊比例降低至 20%。

至 2035 年，湖泊水生态系统健康，使用功能得到全面保障。国控湖泊水质达到或优于Ⅲ类的比例达到 80% 以上；水功能区达标率达到 100%（除本底影响未达标外）；重现土著鱼类或水生植物的水体数量持续增加，实现"清水绿岸、鱼翔浅底"；出现富营养化的湖泊比例降低至 18%。

第4章 湖泊富营养化控制与生态修复技术体系及不同阶段技术需求

湖泊富营养化控制与生态修复的技术体系包括综合调控、控源减排、生境改善、生态修复以及流域管理等，具体见图4-1。不同阶段湖泊治理与保护需求不同，可根据需要对适用的技术进行选择。

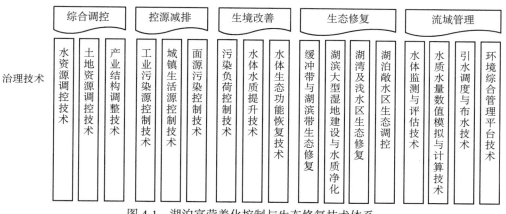

图 4-1　湖泊富营养化控制与生态修复技术体系

根据湖泊富营养化控制与生态修复中长期目标，不同阶段技术的需求和侧重点分析如下。

"十四五"期间（2021～2025年）：以综合调控和控源减排为主。综合调控技术主要包括水资源调控技术、土地资源调控技术、产业结构调整技术等。控源减排技术主要包括工业污染源控制技术、城镇生活源控制技术（城镇排水管网优化与改造技术、城镇降水径流污染控制技术、城镇污水高标准处理与利用技术、城镇污泥安全处理与处置技术、集镇水环境综合治理技术等）、面源污染控制技术等。

"十五五"期间（2026～2030年）：以生境改善和生态修复为主。生境改善技术包括污染负荷控制技术（外源阻断技术、内源治理技术等）、水体水质提升技术（物化处理技术、生物生态处理技术）、水体生态功能恢复技术（水动力改善技术、浮游及底栖动植物栖息地恢复技术等）等。生态修复技术包括缓冲带与湖滨带生态修复（缓冲带构建与入湖水质净化、湖滨带基底修复、湖滨带植物群落恢复、系统优化与运行维护等）、湖滨大型湿地建设与水质净化（湖滨湿地空间格局构建、基地修复与基质调整、湿地水量调蓄与布水）、湖湾及浅水区生态修复（蓝藻水华控制、底泥污染控制、水生植物群落恢复、清水稳态构建与维持）等。

"十六五"期间（2031～2035年）：以生态修复和流域管理为主。生态修复技术主要为湖泊敞水区生态调控，主要包括鱼类群落控制与食物网调控、大型底栖动物恢复与食物网调控、浮游动物恢复与食物网调控以及外来物种清除等。流域管理技术包括水体监测与评估技术（监测及诊断技术、模拟预测技术、综合评价技术等）、水质水量数值模拟与计算技术、引水调度与布水技术以及环境综合管理平台技术等。

第5章 我国湖泊富营养化控制与生态修复总体技术路线图

根据国控重点湖泊当前的水质和营养状况，提出湖泊富营养化控制及生态修复的中长期目标。针对湖泊水生态环境不同阶段的状态及主要面临的科学问题，研究切实可行的湖泊富营养化控制与生态修复技术路径。湖泊水生态环境持续改善阶段，主要的科学问题为研究明确水华发生机制，采用的技术路径为一手抓综合调控一手抓控源减排；湖泊水生态环境全面改善阶段，主要科学问题为生态链条恢复，采用的技术路径为生境改善配合生态修复；湖泊水生态环境根本好转阶段，主要任务为保障生态系统良性循环，采取的技术路径为生态修复与流域管理共同发力。

湖泊富营养化控制与生态修复今后的主要对策措施共有以下几个：坚持新发展理念，推动湖泊流域经济社会绿色转型；积极推动水生态修复；深化水资源、水环境、水生态"三水"统筹，推动湖泊流域系统治理；完善湖泊流域现代化治理体系和治理能力；持续深化水污染防治。基于此，提出我国湖泊富营养化控制与生态修复总体技术路线图（图5-1）。

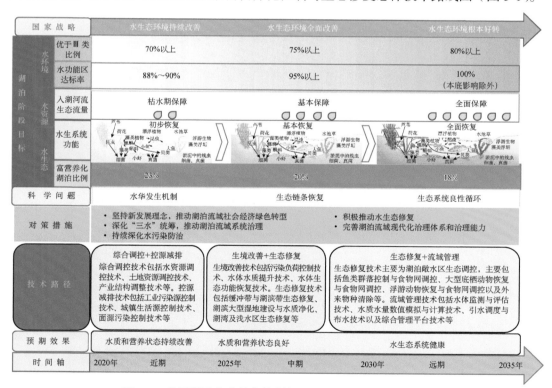

图 5-1 我国湖泊富营养化控制与生态修复总体技术路线图

指导方案篇

第6章　湖泊富营养化控制与生态修复分类指导方案编制方法

6.1　总体思路

　　湖泊富营养化控制与生态修复分类指导方案以有效控制湖泊富营养化发展趋势，维持湖泊水生态系统健康，促进湖泊水生态环境质量持续改善，保障湖泊水环境功能的实现，为公众创造宜居生活环境、实现"美丽中国"为目标，围绕实现湖泊水生态环境管理阶段性目标，在湖泊分区、分类、分级识别的基础上，通过开展湖泊富营养化及生态受损问题识别及成因诊断，明确不同类型湖泊富营养化控制与生态修复的思路和策略；采用系统动力学模型等，对湖泊流域经济社会发展及流域污染负荷排放进行预测，结合流域水环境容量及承载力，明确主要污染物阶段性削减目标；结合湖泊富营养化控制及生态修复技术评估，明确重点任务和适宜的技术。

6.2　编制原则

　　湖泊富营养化控制与生态修复指导方案的编制应遵从以下原则。
　　系统性：在考虑湖泊富营养化控制与生态修复时，应从湖泊流域着手，系统分析湖泊流域经济社会、流域水资源情况以及湖泊自身条件对湖泊水生态环境的影响，同时，在考虑外源对湖泊的影响外，还应充分考虑内源和水生生物的影响。
　　科学性：湖泊的营养状态受地理气候条件、经济社会以及湖泊自身特点等多种因素的影响，相同营养盐输入情况下，不同湖泊的营养状态响应各不相同。因此，指导方案提倡在科学识别湖泊营养状态制约因素的前提下，针对不同湖泊的特点，分别制订富营养化控制与生态修复方案。
　　可操作性：指导方案给出了湖泊分区分类及分级方法，阐述了不同湖区及不同类型湖泊的特点，并且以太湖、滇池、巢湖、洱海、洞庭湖的富营养化控制与生态修复为例，具体说明如何制定不同类型湖泊的富营养化控制及生态修复方案，理论方法和实际案例相结合，具有较强的可操作性。

6.3　技术流程

　　湖泊富营养化控制与生态修复指导方案的编制主要包括以下几个技术环节。

（1）湖泊分区、分类、分级确定及治理策略。根据湖泊所处的地理位置确定湖泊所处的湖区；根据湖泊水深对湖泊进行分类；根据湖泊的水质和营养状态对湖泊进行分级。根据湖泊分区、分类及分级的结果，明确湖泊富营养化控制与生态修复的总体策略。

（2）成因诊断及制约因素识别。基于湖泊水生态环境质量现状及差距分析，从流域经济社会、土地利用、污染源类型及排污特征、生态系统健康程度等方面对湖泊富营养化及生态受损的原因进行分析，识别主要的制约因素。

（3）主要污染物控制目标确定。根据湖泊流域经济社会和水生态环境质量现状，采用系统动力学模型，对未来湖泊流域经济社会发展水平及主要污染物排放量进行预测；结合湖泊流域水环境容量及承载力分析，明确主要水污染物阶段性削减目标及水生态修复目标。

（4）重点任务和技术推荐。根据湖泊治理策略、主要水污染物削减目标及水生态修复目标，明确湖泊富营养化控制及生态修复的重点任务及重点工程。从技术可达性和技术适用性等方面对湖泊富营养化控制与修复技术进行评估，为实现阶段性治理与保护目标筛选适宜的技术。

编制湖泊富营养化控制与生态修复指导方案的技术流程图见图6-1。

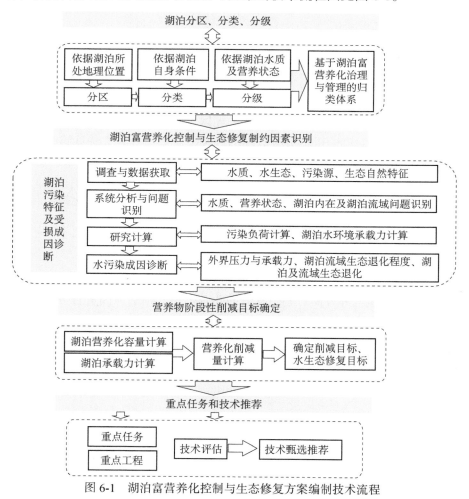

图 6-1　湖泊富营养化控制与生态修复方案编制技术流程

6.4 湖泊富营养化控制与生态修复方案的编制过程

1. 明确编制主体

省、市、县级人民政府可在其上级环境保护主管部门的指导下，组织编制本行政区域内湖泊富营养化控制与生态修复方案。

跨行政区湖泊的富营养化控制与生态修复方案，由相关行政区人民政府经协商后共同编制，或者由上一级人民政府负责编制，相关行政区人民政府参与。

2. 领导组织和工作体系

市、县级人民政府成立湖泊富营养化控制与生态修复方案编制工作领导小组。成员单位包括环境保护、水利、住建或水务、农业、财政、国土资源等部门。

编制工作领导小组下设办公室和技术工作组，其中办公室具体负责方案的起草、征求意见、审查、报批和日常管理等工作；技术工作组由成员单位的技术人员组成，具体开展编制的技术工作。

3. 编制的技术路线

湖泊富营养化控制与生态修复方案编制的技术路线见图6-2。

4. 湖泊的分区、分类、分级

根据湖泊所处的地理位置确定湖泊所处的湖区；根据湖泊水深对湖泊进行分类；根据湖泊的水质和营养状态对湖泊进行分级。湖泊分区、分类、分级方法见第7章。

5. 确定对策

根据湖泊水生态环境状况分级评价结果，分别采用不同的富营养化控制与生态修复策略。不同类型湖泊的富营养化控制与生态修复策略见第8章。

6. 问题分析

在湖泊分区、分类和分级的基础上，从流域经济社会、土地利用、污染源类型及排污特征、生态系统健康程度等方面对湖泊富营养化及生态受损的原因进行分析。湖泊富营养化主控因子识别方法见第9章。

在开展多个湖泊的环境压力分析或将不同湖泊的环境压力评估结果进行对比时，需确认这些湖泊属于相同湖区和相同水深类型的湖泊。不同湖区、不同水深类型湖泊的环境压力评估结果不具有可比性。

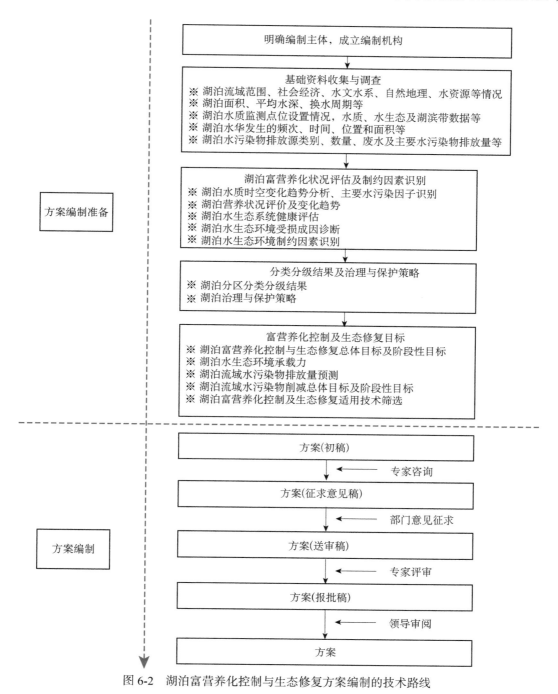

图 6-2 湖泊富营养化控制与生态修复方案编制的技术路线

6.5 湖泊富营养化控制与生态修复方案的主要内容

湖泊富营养化控制与生态修复指导方案应包括总则、湖泊水生态环境状况评估、成因分析、制约因素识别、富营养化控制与生态修复策略与目标、重点任务、适用技术筛选、重点工程及投资、方案实施保障等内容。

1. 总则

应明确湖泊富营养化控制与生态修复方案的编制目的、编制依据、时限和范围及工作原则等内容。

2. 编制目的

编制湖泊富营养化控制与生态修复方案的目的是有效控制湖泊富营养化发展趋势，维持湖泊水生态系统健康，促进湖泊水生态环境质量持续改善，保障湖泊水环境功能的实现，为公众创造宜居生活环境、实现"美丽中国"的目标提供指导。

3. 编制依据

列明湖泊富营养化控制与生态修复方案编制所需的法律、法规、规章和技术标准规范，以及组织方案的人民政府关于湖泊保护与管理的有关规定等。

4. 时限和范围

应明确湖泊富营养化控制与生态修复方案适用的时限，通常以方案编制的前一年作为基准年。时限分为短期（3～5 年）、中长期（5～10 年）和长期（10 年以上）。

应明确湖泊富营养化控制与生态修复方案适用的地域范围，通常即湖泊的流域范围。若方案中包括多个湖泊，应分别明确湖泊的流域范围。

5. 工作原则

湖泊富营养化控制与生态修复方案的编制应以问题为导向，统筹考虑水环境、水生态和水资源，说清楚"四个在哪里"，即问题在哪里、症结在哪里、对策在哪里、落实在哪里，按照精准治污、科学治污、依法治污的要求，确保方案"管用、好用、解决问题"。

6. 湖泊水生态环境状况评估及受损成因诊断

包括湖泊流域概况、湖泊治理历程及经验总结、现状水生态环境状况调查与评估、主要污染指标识别、生态受损成因分析等。

1）湖泊流域环境压力诊断

包括湖泊营养状况和生态受损环境压力分析指标筛选、分析方法确定、环境压力评价结果以及湖泊分区分类分级结果等内容。

2）湖泊富营养化控制与生态修复策略与目标

根据湖泊分区、分类、分级结果，结合国家和地方湖泊环境管理要求，提出湖泊富营养化控制与生态修复的策略和思路、总体目标及分阶段目标。

3）富营养化控制与生态修复主要任务

根据湖泊营养状况和受损成因分析，结合富营养化控制与生态修复的策略和目标，分别从综合调控、控源减排、生境改善、生态修复、流域管理等方面提出富营养化控制与生态修复的主要措施和任务。

4）富营养化控制与生态修复适用技术筛选

根据富营养化控制与生态修复任务，提出需要采用的技术。结合湖泊流域地理位置、经济技术水平、污染治理需求等，从技术库中筛选适宜的技术。

5）富营养化控制与生态修复重点工程

根据湖泊富营养化控制与生态修复需求，结合适用技术筛选，设置控源减排类、生境改善类、生态修复类工程，估算工程投资，并分析资金来源。

6）方案实施保障措施

分别从组织保障、资金保障、制度保障等方面提出确保方案顺利实施的措施和手段。

第 7 章 湖泊分区、分类、分级方法

湖泊分区、分类和分级管理是确定分类治理与保护策略的基础。

从科学管理出发，先基于湖泊所处的自然地理位置特征和气象条件等因素，对湖泊进行分区；在分区的基础上，根据湖泊自身条件进行分类；在分类的基础上，根据湖泊的水质和营养状况进行分级。识别不同分区、分类和分级湖泊的主要特征和制约因素，再提出不同类型湖泊的富营养化控制与生态修复策略和建议。

7.1 分区方法

《中国自然地理：地表水》(中国科学院《中国自然地理》编辑委员会，1981)、《我国的湖泊》(王洪道，1984)、《中国湖泊概论》(施成熙，1989)、《中国湖泊资源》(王洪道等，1989)、《中国湖泊志》(王苏民等，1998)、《中国湖泊分布地图集》(中国科学院南京地理与湖泊研究所，2015)等著作中，根据自然地理特征、气候条件等差异，以及湖泊资源开发利用和湖泊环境治理的区域特色，将我国湖泊划分为五个地理分区：东部平原湖区、蒙新高原湖区、云贵高原湖区、青藏高原湖区、东北平原-山地湖区，是多数自然专家认为比较科学的一种自然分区。各湖区范围见图 7-1，各湖区包含的行政区及湖区概况见表 7-1 和表 7-2。

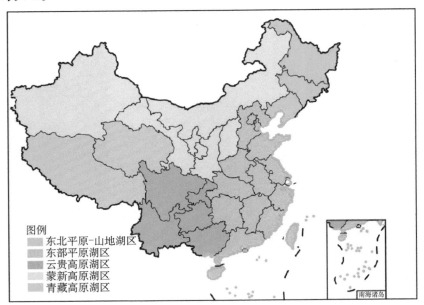

图 7-1 我国湖库五大地理分区

表 7-1　湖泊五大地理分区概况　　　　　　　　　　　　（单位：个）

分区	所含省（自治区、直辖市）	面积 1～10km² 湖泊个数	面积 >10km² 湖泊个数
东部平原湖区	湖南省、湖北省、江西省、安徽省、江苏省、上海市、浙江省、广东省、山东省、河北省、天津市、北京市、河南省、福建省、海南省、台湾省、香港特别行政区及澳门特别行政区	483	146
蒙新高原湖区	内蒙古自治区、山西省、陕西省、甘肃省、新疆维吾尔自治区、宁夏回族自治区	432	88
云贵高原湖区	云南省、贵州省、四川省、重庆市、广西壮族自治区	51	13
青藏高原湖区	西藏自治区、青海省	674	388
东北平原-山地湖区	黑龙江省、吉林省、辽宁省	357	61
合计		1997	696

资料来源：中国科学院南京地理与湖泊研究所（2015）。

表 7-2　五大湖区的面积、储水量

分区	湖泊面积/km²	占全国湖泊总面积百分比/%	湖水储量/亿 m³
青藏高原湖区	41600.00	50.9	5182
东部平原湖区	21498.94	26.3	700
蒙新高原湖区	12749.70	15.6	697
东北平原-山地湖区	4653.70	5.7	190
云贵高原湖区	1242.70	1.5	288
合计	81745.04	100.0	7057

1）东部平原湖区

东部平原湖区主要指分布于长江及淮河中下游、黄河及海河下游和大运河沿岸的大小湖泊。这个区域由于降水、径流及地形条件有利于湖泊的形成，因而成为我国湖泊分布密度最大、湖泊数量最多的地区之一。面积在 1.0km² 以上的湖泊 629 个，合计面积 21498.94km²，约占全国湖泊总面积的 26.3%，占我国大于 1km² 的淡水湖泊的总面积的 71%，多数湖泊的水深在 4m 以下，均属于浅水型湖泊。我国著名的五大淡水湖——鄱阳湖、洞庭湖、太湖、洪泽湖和巢湖即位于该区。东部平原湖区是我国人口密度最大、经济最发达的湖区，同时也是五大湖区中湖泊富营养化最严重的湖区。太湖、巢湖、白洋淀、武汉东湖、杭州西湖等已明显出现富营养化，甚至重富营养化状态，有些湖泊在夏秋季常暴发藻类水华，严重影响饮用水供给，给社会、经济和人民身体健康造成极大危害。

2）蒙新高原湖区

蒙新高原湖区以波状起伏的高原及山地与盆地相间分布的地貌结构为基本特征，以致该区湖泊在水系结构或类型上显示出鲜明的差异性。河流和潜水向盆地中心汇聚，一些大中型湖泊往往成为内陆盆地水系的尾闾和最终归宿地，发育成为众多的内流湖，成为该区湖泊水文学上的一大常见现象，只有个别湖泊，如额尔齐斯河上游的喀纳斯湖、黄河河套地区的乌梁素海等为外流湖。沙漠广袤，在沙漠区边缘地带多有风成湖分布，是该区湖泊的又一显著特色。这些湖泊多是面积很小的小型湖泊，湖水浅，湖水补给以地下潜水形式为主，一遇沙暴侵袭，湖泊即可迅速被流沙所湮没。面积在 $1.0km^2$ 以上的湖泊 520 个，面积 $12749.70km^2$，占全国湖泊总面积的 15.6%。虽然新疆和内蒙古地广人稀（两自治区面积占全国陆地面积的 28% 之多，平均人口密度新疆为 13 人$/km^2$，内蒙古为 20 人$/km^2$），经济相对落后（两自治区 2020 年的国内生产总值占全国国内生产总值的 3.14% 左右），但是由于湖区内部分湖泊补水量不足，加之粗放农牧业和工业经济发展模式，导致流域生态环境破坏严重，大量的营养物排放进入湖泊并在湖泊中蓄积，导致水质恶化，湖体萎缩严重，湖泊富营养化加剧。

3）云贵高原湖区

该区湖泊的空间分布格局深受构造与水系的控制，区内一些较大的湖泊都分布在断裂带或各大水系的分水岭地带。湖泊构成以中小型湖泊为主。面积在 $1.0km^2$ 以上的湖泊有 64 个，合计面积 $1242.70km^2$，占全国湖泊总面积的 1.5%。区内一些大的湖泊都分布在断裂带或各大水系的分水岭地带，湖泊水深岸陡，入湖支流水系较多，而湖泊的出流水系普遍较少，有的湖泊仅有一条出流河道，湖泊换水周期长。湖区内多为中等水深湖泊，水体自净能力较强，受氮、磷污染较轻，但湖区内的浅水型湖泊受氮、磷污染较为严重。云南省调查的 16 个湖泊中，一半的湖泊总氮（TN）和总磷（TP）达到或优于Ⅲ类水质标准，这些湖泊多为包括抚仙湖、泸沽湖等在内的水深相对较深湖泊，而另一半的湖泊 TN 和 TP 劣于Ⅲ类水质标准，这些湖泊多为包括滇池、杞麓湖等在内的水深相对较浅湖泊。但随着流域经济的发展，由于缺乏有效的污染预防措施，大量的营养盐排放进入湖体，导致抚仙湖、洱海等水质较好的湖泊也出现了富营养化的趋势。

4）青藏高原湖区

青藏高原湖区是地球上海拔最高、数量最多、面积最大的高原湖群区，也是我国湖泊分布最为稠密的两大湖群区之一，该区湖泊成因复杂，多为构造湖。面积在 $1.0km^2$ 以上的湖泊有 1062 个，面积 $41600.00km^2$，约占全国湖泊总面积的 50.9%。该区深居高原腹地，以内陆湖（主要是咸水湖、盐湖或干盐湖）为主，但仍有少数外流淡水湖存在。青藏高原湖区湖泊水体富营养化程度较轻，除与气候地理条件相关外（高海拔、多为深水型湖泊），还与该湖区人口密度小，经济欠发达，人类活动对湖泊造成的影响相对较小有关。例如，西藏自治区平均人口密度为 2 人$/km^2$，只有全国人口密度的 1/70，是我国人口密度最小的省区，青海省平均人口密度为 8 人$/km^2$；虽然两省区的面积占了全国陆地面积的 20%，但 2020 年的两省区国内生产总值仅占全国国内生产总值的 0.49%。

5）东北平原-山地湖区

东北平原-山地湖区三面环山，中间为松嫩平原和三江平原，分布着大片的湖泊湿地，发育了面积大小不一的众多湖泊，当地称之为"泡子"或"咸泡子"。分布于东北平原地区的湖泊具有面积小、湖盆坡降平缓、现代沉积物深厚、湖水浅、矿化度较高等特点。分布于山区的湖泊，其成因多与火山活动关系密切，是该区湖泊的一个重要特色。面积在 $1.0km^2$ 以上的湖泊有 418 个，面积 $4653.70km^2$，约占全国湖泊总面积的 5.7%。东北平原-山地湖区是我国传统的工业基地和粮食主产区，辽宁、吉林、黑龙江三省的平均人口密度分别为 295 人/km²、146 人/km²、84 人/km²，三省 2020 年的国内生产总值占全国国内生产总值的 5.16%。区域内的湖泊目前受到氮、磷污染较重，在所调查的湖泊中，近 67%的湖泊的 TN 和约 83%的湖泊的 TP 劣于Ⅲ类水质标准。

7.2　分类方法

除了自然地理与气候特征外，湖泊自身特性也是影响湖泊营养状态的重要因素。有研究表明，多数情况下自然因素对湖泊水质形成局部潜在影响，而湖泊自身特性能够显著地增强或减弱自然因素的作用。

在湖泊分区的基础上，根据湖泊平均水深 H、水力停留时间 HRT 及补给系数 RC 与湖泊综合营养状态指数的相关性分析，选择湖泊平均水深 H 对湖泊进行分类，即 $H \leqslant 4m$ 时，为浅水型湖泊；当 $4 < H \leqslant 20m$ 时，为中等水深湖泊；当 $H > 20m$ 时，为深水型湖泊。东部平原湖区和云贵高原湖区国控湖泊依据水深的分类结果见表 7-3。

表 7-3　东部平原湖区和云贵高原湖区国控湖泊依据水深的分类结果

湖区	类型	湖泊
东部平原湖区	浅水型湖泊	太湖、巢湖、大通湖、升金湖、阳澄湖、南漪湖、龙感湖、梁子湖、黄大湖、花亭湖、洪湖、斧头湖、淀山湖、西湖、武昌湖、菜子湖、东钱湖
	中等水深湖泊	鄱阳湖、洞庭湖、仙女湖
	深水型湖泊	—
云贵高原湖区	浅水型湖泊	异龙湖
	中等水深湖泊	滇池、邛海、洱海、百花湖、红枫湖
	深水型湖泊	泸沽湖、程海

7.3　分级方法

在湖泊分区、分类基础上，根据湖泊富营养化评价结果和水质评价结果，对湖泊水环境质量进行分级。水质评价方法和营养状态评价方法依据《地表水环境质量评价办法（试行）》（环办〔2011〕22 号）进行。

根据湖泊水质和营养状况，对湖泊的水环境质量状况进行综合评价，分为优、中、差三级，具体见图 7-2。

1）东部平原湖区湖泊分级结果

2018 年，东部平原湖区国控湖泊共 66 个。根据 2018 年国控湖泊水质监测数据，东部平原湖区 66 个湖泊中，水质为Ⅰ～Ⅲ类的湖泊有 45 个，占东部湖区湖泊比例为

湖泊水环境质量综合评价			
湖泊水质	劣Ⅴ类	差	差	差
	Ⅳ~Ⅴ类	中	中	差
	Ⅰ~Ⅲ类	优	中	差
		贫营养	中营养	富营养化
		湖泊营养状态		

综合评价结果: ▢ 优　▢ 中　▢ 差

图 7-2　基于湖泊水质和营养状况的综合评价分级结果

68.2%；水质为Ⅳ～Ⅴ类的湖泊有 20 个，占比为 30.3%；劣Ⅴ类湖泊有 1 个，占比为 1.5%。根据 2018 年东部平原湖区国控湖泊营养状态评估结果，66 个湖泊中，处于贫营养状态的湖泊有 8 个，中营养状态的湖泊有 38 个，轻度富营养的湖泊有 19 个，中度富营养化的湖泊有 1 个，为龙感湖。

根据东部平原湖区 66 个国控湖泊水质和营养状态评价结果，对湖泊水环境综合状况进行分级评价，结果见图 7-3。

湖泊水质		贫营养	中营养	轻度富营养化	中度富营养化	重度富营养化
	劣Ⅴ类		衡水湖			
	Ⅳ～Ⅴ类		洞庭湖、鄱阳湖	大通湖、升金湖、峡山水库、南漪湖、鹤地水库、于桥水库、焦岗湖、巢湖、太湖、阳澄湖、洪湖、洪泽湖、淀山湖、高邮湖、仙女湖、白马湖、白洋淀	龙感湖	
	Ⅰ～Ⅲ类	新丰江水库、湖南镇水库、漳河水库、柘林湖、东江水库、太平湖、松涛水库、隔河岩水库	鲌鱼山水库、黄龙滩水库、千岛湖、丹江口水库、长潭水库、花亭湖、高州水库、怀柔水库、富水水库、高唐湖、铜山源水库、大隆水库、里石门水库、龙岩滩水库、大广坝水库、密云水库、董铺水库、白龟山水库、昭平台水库、南湾水库、白莲河水库、小浪底水库、武昌湖、黄大湖、山美水库、尔王庄水库、东平湖、斧头湖、南四湖、东钱湖、梁子湖、西湖、云蒙湖、骆马湖、三门峡水库	崂山水库、瓦埠湖		
		贫营养	中营养	轻度富营养化	中度富营养化	重度富营养化
		湖泊营养状态				

综合评价结果: ▢ 优　▢ 中　▢ 差

图 7-3　东部平原湖区 66 个国控湖泊水环境综合评价分级结果

2）云贵高原湖区湖泊分级结果

2018 年云贵高原湖区国控湖泊共 15 个。根据 2018 年国控湖泊水质监测数据，云贵高原湖区 15 个湖泊中，水质为Ⅰ～Ⅲ类的湖泊有 9 个，占东部湖区湖泊比例为 60%，水质为Ⅳ～Ⅴ类和劣Ⅴ类的湖泊数量均为 3 个，占比均为 20%。根据 2018 年国控湖泊营养状态评估结果，15 个云贵高原湖泊中，处于贫营养状态的湖泊有 2 个，中营养状态的湖泊有 8 个，轻度富营养化的湖泊有 2 个，中度富营养化的湖泊有 3 个，综合营养状态指数最高的为星云湖。

　　根据云贵高原湖区 15 个国控湖泊水质和营养状态评价结果，对湖泊水环境综合状况进行分级评价，结果见图 7-4。

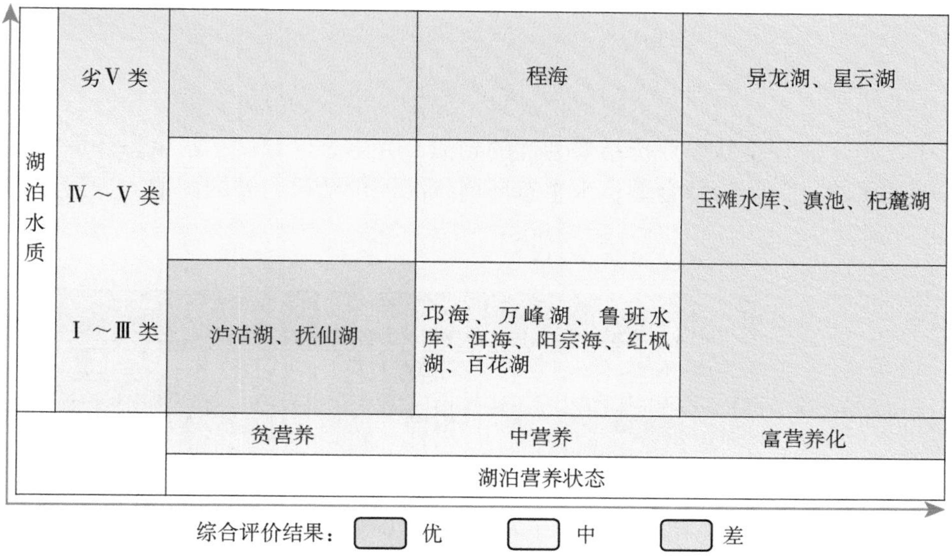

图 7-4　云贵高原湖区 15 个国控湖泊水环境综合评价分级结果

第 8 章　湖泊富营养化控制与生态修复分类施策

根据湖泊水生态环境状况分级评价结果，分别采用不同的富营养化控制与生态修复策略。其中，水生态环境状况评价结果为优的湖泊，为生态保育型；水生态环境状况评价结果为中等的湖泊，为防治结合型；水生态环境状况评价结果为差的湖泊，为污染治理型，如图 8-1 所示。

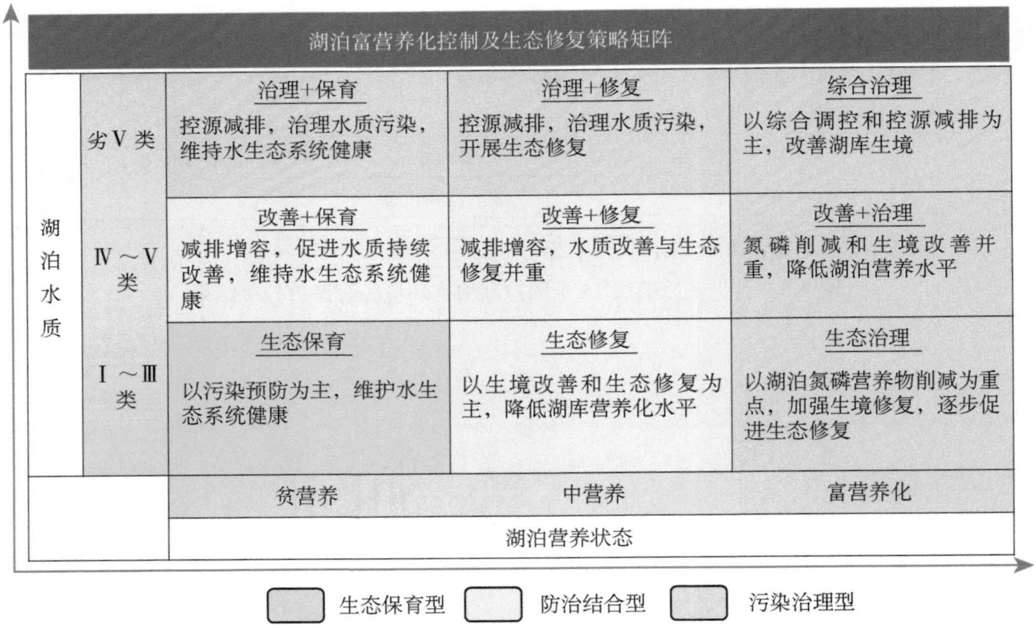

湖泊富营养化控制及生态修复策略矩阵			
湖泊水质	劣Ⅴ类	**治理+保育** 控源减排，治理水质污染，维持水生态系统健康	**治理+修复** 控源减排，治理水质污染，开展生态修复	**综合治理** 以综合调控和控源减排为主，改善湖库生境
	Ⅳ～Ⅴ类	**改善+保育** 减排增容，促进水质持续改善，维持水生态系统健康	**改善+修复** 减排增容，水质改善与生态修复并重	**改善+治理** 氮磷削减和生境改善并重，降低湖泊营养水平
	Ⅰ～Ⅲ类	**生态保育** 以污染预防为主，维护水生态系统健康	**生态修复** 以生境改善和生态修复为主，降低湖库营养化水平	**生态治理** 以湖泊氮磷营养物削减为重点，加强生境修复，逐步促进生态修复
		贫营养	中营养	富营养化
		湖泊营养状态		

　　　生态保育型　　　防治结合型　　　污染治理型

图 8-1　湖泊富营养化控制与生态修复分类策略

8.1　生态保育型的对策

生态保育型湖泊主要指水质为Ⅰ～Ⅲ类，营养状态为贫营养的湖泊。这类湖泊通常受到人类活动的干扰较少，水生态系统处于健康状态。针对这种类型的湖泊，以污染预防和生态保育为主，通过合理布局流域产业，控制经济和人口规模，保障湖泊满足水生态环境功能。保障饮用水源地水质安全和生态功能健康；通过产业结构调整和土地合理利用，减少面源污染，维持良好的生态环境，以生态系统恢复为主。

　　针对此类湖泊，在水资源调控时推荐调水引流系统风险分析方法及方案风险评估与应急响应技术，基于水动力条件下引排水技术，浅水型湖泊则推荐浅水型湖泊生态系统调控与稳定维持技术。在产业结构调整时推荐流域经济社会结构、发展速度与污染物排放量关系量化模拟技术。

8.2　防治结合型的对策

　　防治结合型湖泊又分为改善+保育型、改善+修复型以及生态修复型。
　　（1）改善+保育型湖泊，主要指水质为Ⅳ～Ⅴ类，营养状态为贫营养的湖泊。这类湖泊受到的人类活动压力为中等，水生态系统完整性好，具有较强的抗冲击能力。针对这类湖泊，应以综合调控和控源减排为主，强化流域水污染防治，促进水质持续改善。
　　（2）改善+修复型湖泊：主要指水质为Ⅳ～Ⅴ类，营养状态为中营养的湖泊。这类湖泊受到的人类活动压力为中等，水生态系统健康程度一般。针对这类湖泊，一方面通过控源减排，提高流域水污染防治水平；另一方面应实施生态修复，促进生物多样性恢复。
　　（3）生态修复型湖泊：主要指水质为Ⅰ～Ⅲ类，营养状态为中营养的湖泊。这类湖泊受到的人类活动干扰小，但水生态系统健康程度一般。针对这类湖泊，应侧重于通过实施湖滨带生态修复、湖荡湿地修复以及湖泊水生植被修复等生态修复措施，稳步提升水生态环境健康程度，保障生态服务功能。
　　在控源减排过程中推荐的技术主要有缓冲带滞留型湿地与土地处理技术，基于总量削减-盈余回收-流失阻断的菜地氮磷污染综合控制技术，基于稻作制农田消纳的氮磷污染阻控技术，农田排水污染物三段式全过程拦截净化技术，基于硝化抑制剂-水肥一体化耦合的蔬菜氮磷投入减量关键技术，基于农田养分控流失产品应用为主体的农田氮磷流失污染控制技术，茶叶、柑橘等特色生态作物肥药减量化和退水污染负荷削减技术，农田退水污染控制技术，生态农田构建技术，基于耕层土壤水库及养分库扩蓄增容基础上的农田增效减负技术，湖滨区设施农业集水区内面源污染防控技术，分区限量施肥技术等。
　　在生态修复过程中推荐的技术主要有水生植物群落构建与草型湖泊生态系统恢复技术、缓冲带防护区生态建设技术、城郊型旱季旁路净化和雨季调蓄治理冲击性负荷集成关键技术、直立堤岸基质改善与生态岸带修复技术、适应大水位波动的漂浮湿地构建技术、缓冲带农业生产区生态优化技术、受损湖滨带基底修复及湿生乔木湿地构建技术、湖滨带（缓坡型）生物多样性恢复技术、直立堤岸沿岸带基底高程与物化条件重建技术、滨湖区域"地表径流-河网-河口"梯级污染拦截与水质净化集成技术、养殖鱼类合理配置技术、基于草型清水态维持的水生生物群落的优化技术、河湖浅水区水生植被诱导繁衍技术、浅水型湖泊沉水植物修复分区及定植技术、陡岸湖滨带生态修复技术、鱼类群落结构调控技术、沉水植被构建关键技术等。

8.3 污染治理型的对策

污染治理型湖泊又分为治理+保育型、治理+修复型、改善+治理型、生态治理型以及综合治理型湖泊。

（1）治理+保育型湖泊：主要指水质为劣Ⅴ类，营养状态为贫营养的湖泊。这类湖泊多为某项非营养盐指标超标，可能是环境本底值高，或者存在某类特定的排放源。针对这类湖泊，应在开展污染成因分析和污染源识别的基础上，针对有特定来源的污染物，重点开展控源减排，促进水质逐步改善。

此类湖泊治理主要推荐的技术有缓冲带滞留型湿地与土地处理技术、新型真空排水技术、分散污水负压收集技术、基于总量削减-盈余回收-流失阻断的菜地氮磷污染综合控制技术等控源减排技术及缓冲带构建与低污染水处理集成技术、大型仿生式水面蓝藻清除技术、入湖口导流、水力调控与强化净化技术、入湖河口湿地生态重建技术、有毒有害污染底泥环保疏浚技术、河道旁路人工构造湿地净化技术、河口规模化人工湿地水质改善技术等生境改善技术。

（2）治理+修复型湖泊：主要指水质为劣Ⅴ类，营养状态为中营养的湖泊。这类湖泊受到的人类活动干扰较大，且水生态系统健康程度一般。针对这类湖泊，应在污染成因分析的基础上，针对主要的污染源实施控源减排，并因地制宜地实施生态修复，促进水生态系统健康。

此类湖泊治理主要推荐的技术有缓冲带滞留型湿地与土地处理技术、新型真空排水技术、分散污水负压收集技术、基于总量削减-盈余回收-流失阻断的菜地氮磷污染综合控制技术等控源减排技术；缓冲带防护区生态建设技术、直立堤岸基质改善与生态岸带修复技术、适应大水位波动的漂浮湿地构建技术、缓冲带农业生产区生态优化技术、水生植物群落构建与草型湖泊生态系统恢复技术、受损湖滨带基底修复及湿生乔木湿地构建技术、湖滨带（缓坡型）生物多样性恢复技术等。

（3）改善+治理型湖泊：主要指水质为Ⅳ～Ⅴ类，营养状况为富营养的湖泊。这类湖泊受人类活动的干扰程度为中等，但水生态系统破坏严重，抗冲击能力较差。针对此类湖泊，应通过控源减排严格控制营养盐的排放，同时进行生境改善，通过内源治理和入湖河道整治等，逐步促进水生态系统恢复。

此类湖泊治理主要推荐的技术有缓冲带滞留型湿地与土地处理技术，基于总量削减-盈余回收-流失阻断的菜地氮磷污染综合控制技术，基于稻作制农田消纳的氮磷污染阻控技术，农田排水污染物三段式全过程拦截净化技术等控源减排技术及缓冲带构建与低污染水处理集成技术、大型仿生式水面蓝藻清除技术、入湖口导流、水力调控与强化净化技术、入湖河口湿地生态重建技术，有毒有害污染底泥环保疏浚技术，河道旁路人工构造湿地净化技术，河口规模化人工湿地水质改善技术等。

（4）生态治理型湖泊：主要指水质为Ⅰ～Ⅲ类，营养状况为富营养的湖泊。这类湖泊受人类活动的干扰较小，但水生态系统破坏严重。针对此类湖泊，应以营养盐控制为主，同时在生境改善的基础上，逐步开展生态修复。

此类湖泊在治理过程中推荐采用入湖河口湿地生态重建技术、多重目标底泥疏浚技术、河口沟-塘-表生态湿地构建技术、缓冲带防护区生态建设技术、直立堤岸基质改善与生态岸带修复技术、适应大水位波动的漂浮湿地构建技术、缓冲带农业生产区生态优化技术、水生植物群落构建与草型湖泊生态系统恢复技术、受损湖滨带基底修复及湿生乔木湿地构建技术、湖滨带（缓坡型）生物多样性恢复技术等。

（5）综合治理型湖泊：主要指水质为劣 V 类，且营养状况为富营养的湖泊。这类湖泊受人类活动干扰强烈，且水生态系统破坏严重。针对此类湖泊，首先应通过流域综合调控和控源减排控制水污染物排放，逐步改善水质，再逐步实施生境改善，为水生态修复创造条件。

此类湖泊推荐的技术包括河网总量控制目标制定与小区域分配技术、农田排水污染物三段式全过程拦截净化技术、生态沟渠技术、生态农田构建技术、陡坡消落带生态防护及减污截污技术、基于微藻去除的水体透明度快速提高技术等。

第9章 湖泊富营养化主控因子识别

通过数据调查及获取、系统分析及问题识别、研究计算及科学评价、水污染成因诊断四个步骤对典型湖泊水环境问题进行诊断（图9-1）。数据调查主要是针对湖泊水质水生态特征、点源及面源特征、自然特征等方面开展，在数据收集的基础上通过现状环境对比评价法、时间分步法等方法识别湖泊内在问题；开展湖泊污染负荷计算、水环境承载力计算及水污染与生态健康评价。

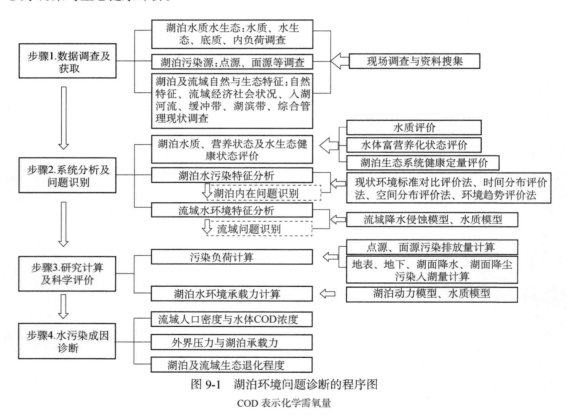

图9-1 湖泊环境问题诊断的程序图

COD表示化学需氧量

9.1 现场调查与数据获取的方法

9.1.1 主要内容

湖泊环境基本特征调查是一项基础工作，也是判断水体富营养化起因、现状及发展趋势必不可少的依据，主要调查内容见表 9-1。

表 9-1　诊断分析主要调查

分类	调查项目	调查指标	调查主要内容
湖泊水质水生态特征	水质调查	物理指标	气温、水温、水色、透明度
		水质指标	必测项目：pH、总氮、总磷、COD、氨氮、溶解性磷酸盐、溶解氧、生化需氧量；选测项目：K^+、Na^+、Ca^{2+}、Mg^{2+}、Cl^-、SO_4^{2-}、HCO_3^-、SS（固体悬浮物）
	水生态调查	生态调查	浮游植物、浮游动物、底栖动物、水生植物、鱼类
		初级生产力调查	叶绿素 a
	底质调查	表层底质	含水率、容重、E_h、总氮、总磷、有机质、重金属
		柱状底质	含水率、容重、总氮、总磷、有机质、重金属
	内负荷调查	底质调查	氮磷释放潜能、氮磷释放通量、有机质含量
		藻类调查	数量、种群、分布
湖泊污染源特征	点源调查	工业点源	废水排放量、处理工艺、排水 COD、总氮、总磷、氨氮
		城镇生活污水	人口、废水排放量、处理工艺、排水 COD、总氮、总磷、氨氮
	面源调查	城市径流	降水量、地表径流量、COD、总氮、总磷、氨氮
		农田径流	农田面积、施肥量、COD、总氮、总磷、氨氮
		农村生活污染	人口、用水量、处理现状、COD、总氮、总磷、氨氮
		畜禽养殖	畜禽养殖量、处理现状、COD、总氮、总磷、氨氮
		旅游污染	年旅游人次、处理现状、COD、总氮、总磷
湖泊及流域自然与生态特征	自然特征调查	湖泊自然特征	湖泊形态特征、湖泊水量平衡与水文测量、湖泊资源利用现状
		流域自然特征	气候气象、地质地貌、土地利用及变化、土壤侵蚀、植被覆盖、自然灾害等
	流域经济社会状况调查	人口经济社会状况	村镇及人口分布、GDP 收入
		产业结构状况	流域三次产业、农林牧渔业、工业结构、旅游业总体情况及发展趋势
	入湖河流调查	自然特征	流量、径流面积、长度
		生态特征	水质、河道堤岸植被群落、河口生态
	缓冲带调查	自然特征	土地利用及变化、植被覆盖率
		人口经济社会状况	村镇及人口分布、GDP 收入
	湖滨带调查	自然特征	地形地貌、基底
		生态特征	水质、生态、底质
	综合管理现状调查	监测监控	位置、方法、频率
		管理建设	管理机制与法规条例、已有治理工程及效果、相关发展规划

9.1.2　具体方法

1. 湖泊及流域自然与生态特征调查

包括流域自然特征调查、湖泊自然特征调查、流域经济社会状况调查、入湖河流调查、湖滨带调查、缓冲带调查、综合管理现状调查等。这些调查往往采用收集现有资料与实地调查相结合的方法进行。

1) 流域自然特征调查

（1）流域概括调查。

（2）流域地质地貌调查。

（3）流域土壤和植被调查。

（4）流域气候气象调查。

（5）流域的自然保护区和湿地调查：包括自然保护区和湿地的面积、位置以及生物多样性特征等。

2) 湖泊自然特征调查

湖泊自然特征调查包括：①湖泊面积形态特征调查；②湖泊的容积、深度、底坡形态特征；③湖盆形状特征调查，如最大湖水面积、最大湖水深度和湖泊岸线长度等。

3) 流域经济社会状况调查

（1）人口分布特征调查。调查内容包括：人口总数、密度、出生率及人口增长速率；城乡人口数量及占湖区总人口数的百分比；人群健康状况；常住人口数、流动人口数及两者占总人口数的比例。

（2）土地利用状况调查。按照目前国内土地利用类型的划分，结合湖泊富营养化调查的需要，一般要求调查到二级分类就行。根据流域面积确定土地利用类型及其土地利用比例。

（3）经济状况调查。包括：GDP 情况；经济发展速度与污染物增加量的关系；生产布局和工业结构。

4) 入湖河流调查

主要入湖河流及其分布，入湖河流流量、长度、径流面积、河道生态状况等。

5) 湖滨带、缓冲带调查

湖滨带、缓冲带区域内地形地貌，土地利用及变化情况，植被覆盖与生态状况，村镇与人口分布情况，污水处理设施及其运营情况、管理情况。

2. 湖泊污染源特征调查

在富营养化调查中，首要任务应是查明湖泊流域周围的主要污染源和污染物，特别是营养物质（氮、磷碳等）排入湖内的种类、数量以及排放方式和排放规律等。

（1）工业污染源调查。调查流域内工业企业对应的水环境功能区、排污去向、企业位置、所属行业、废水和水污染物排放量。调查工业污染源排放水体的水质目标、工业企业应执行的排放标准及其级别，分析工业污染源达标情况。

（2）城镇生活污染源调查。调查流域内城市的非农业人口数量、人均综合用水量、人均综合排水量、生活污水平均浓度、排放去向。

（3）农村生活污染源调查。调查农业人口数量、农村人均综合用水量、农村人均综合排水量、散养型畜禽养殖数量。

（4）农田径流污染源调查。调查各水环境功能区的农田面积、土地坡度、农作物类型、轮作类型、土壤类型、化肥施用量、年降水量。

（5）畜禽养殖污染源调查。调查规模化畜禽养殖企业的养殖种类及数量、年用水量及排水量、排污方式、处理工艺。

（6）城市径流污染源调查。调查城市地理位置、地形特征、植被特征、降水量、非农业人口、建成区面积、单位面积公路里程、下水管网覆盖率等情况。

（7）矿山径流（固体废物）污染源调查。调查主要考虑煤矿、各种金属、非金属矿业的开采，调查矿山位置，尾矿堆积面积、组分、坡度、当地年降水量等指标。

（8）城市供排水管网及污水处理设施调查。调查城市供水管网、排水管网、雨水管网建设情况，城市集中与分散式生活污水处理设施、运行状况和收费情况。

3. 湖泊水质水生态特征调查

包括湖泊水质调查、水生态调查、底质调查及内负荷调查四大方面。

9.2　系统分析与问题识别的方法

根据所获取的资料与数据，分别开展湖泊水污染特征和流域水环境特征分析，对湖泊及其流域问题进行初步识别。

9.2.1　湖泊水污染与生态健康评价

1）水质评价

水质评价采用单因子指数法，具体评价方法依据《地表水环境质量评价办法（试行）》（环办〔2011〕22 号）进行。

2）水体营养状态评价

营养状态评价采用卡尔森指数法，具体依据《地表水环境质量评价办法（试行）》（环办〔2011〕22 号）进行。

3）湖泊生态系统健康定量评价

选取物理化学指标体系、生态指标体系构成综合评价指标体系，采用熵权综合健康指数方法来确定各评价指标的权重，按照生态系统健康综合指数公式计算生态系统健康的综合指数值，最后根据生态系统健康综合指数分级（Ⅰ、Ⅱ、Ⅲ、Ⅳ、Ⅴ）评价相应的健康状态（很好、好、中等、较差、很差）。

生态系统健康综合指数公式为（中国环境科学研究院，2012）

$$EHCI=\sum_{i=1}^{n} w_i \cdot I_i \tag{9-1}$$

式中，EHCI 为生态系统健康的综合指数值，其值在 0~1；w_i 为评价指标在综合评价指标体系中的权重值，其值在 0~1；I_i 为评价指标的归一化值，其值在 0~1。

9.2.2 湖泊水污染特征分析方法

对湖泊水污染特征进行详细分析,是识别湖泊环境问题的前提和基础。

集成现状环境标准对比评价法、时间分布评价法、空间分布评价法、环境趋势评价法、流域水环境特征分析方法,开展湖泊水污染特征分析,为识别湖泊内在问题奠定基础。①现状环境标准对比评价法。将湖泊各环境指标现状调查数值与湖泊环境执行标准进行比较,确定其水质超标状况和影响水体使用功能的主要污染因子。②时间分布评价法。利用整年度各期的水质调查数据,分析污染年度变化,确定污染较重的月份或季节,或水华发生消涨年度规律。③空间分布评价法。利用 Photoshop 等图形软件,对湖泊环境现状进行空间分布趋势分析,确定湖泊污染较重的区域,或水华发生较频繁的区域。④环境趋势评价法。通过几十年的数据系列,对发展趋势进行分析,总结其变化规律。主要的分析方法包括:情景分析法,知道现状情况相当于历史上哪年的水平;对比分析法,对象湖泊与其他湖泊进行横向比较,分析其特征;模型分析法,通过相关模型,进行半定量或定量分析。⑤流域水环境特征分析方法。通过集成流域降水侵蚀模型和水质模型,反映流域水土流失状况和河流沿程水质变化,为流域水环境问题识别提供科学依据(章文波等,2002)。

1)流域降水侵蚀模型

(1)经验相关模型。

通用土壤侵蚀模型形式:

$$A=R \cdot K \cdot L \cdot S \cdot C \cdot P \tag{9-2}$$

式中,A 为单位面积上土壤流失量;R 为降水侵蚀力因子;K 为土壤可蚀性因子;L 为坡长因子;S 为坡度因子;C 为作物覆盖和管理因子;P 为水保措施因子。

(2)物理过程模型。

物理过程模型又可分为集总式模型和分布式模型两类。集总式模型将流域系统作为一个整体来考虑,有水蚀预报模型(WEPP)、欧洲土壤侵蚀预报模型(EUROSEM)。分布式模型是针对若干个相对均匀的单元流域,有 SHE(system hydrological European)模型、基于 GIS 的流域侵蚀预报模型(GeoWEPP)、荷兰土壤侵蚀预报模型(LISEM)、SWAT(soil and water assessment tool)模型。

(3)概念式模型。

概念式模型是对流域复杂侵蚀现象的一种概化模拟,有 Standford-IV 模型、AMR 模型等。

2)水质模型

通过河流水质模型,进行河流沿程水质变化的计算,不同河流采取不同的水质模型。

(1)Streeter-Phelps 模型体系(汪家权等,2004)。

Streeter-Phelps 模型采用 BOD-DO 耦合模型方程:

$$\frac{\partial L}{\partial t} + u\frac{\partial L}{\partial x} = D\frac{\partial^2 L}{\partial x^2} - K_1 L$$

$$\frac{\partial C_{DO}}{\partial t} + u\frac{\partial C_{DO}}{\partial x} = D\frac{\partial^2 C_{DO}}{\partial x^2} - K_1 L + K_2(C_{DO,S} - C_{DO})$$

（9-3）

式中，L、C_{DO} 分别为河水中的生化需氧量（BOD）、溶解氧（DO）浓度，mg/L；x 为顺河水流动方向的纵向距离，km；u 为河水流速，m/s；$C_{DO,S}$ 为河水中饱和溶解氧浓度，与温度有关，mg/L；D 为弥散系数，m²/s；K_1、K_2 分别为河水中生化需氧量降解速度常数、复氧速度常数，s⁻¹；t 为时间，s。

（2）QUAL 模型体系。

QUAL 模型是一维水质综合模型。对任意的水质变量 C，方程均可写为如下形式（杨海林和杨顺生，2003）：

$$\frac{\partial C}{\partial t} = \frac{\partial\left(A_x D_L \frac{\partial C}{\partial x}\right)}{\partial x}dx - \frac{\partial(A_x\overline{u}C)}{\partial x}dx + (A_x dx)\frac{dC}{dt} + s$$

（9-4）

式中，C 为组分浓度，mg/L；x 为所考察的距离，m；t 为时间，s；A_x 为距离 x 处的河流断面面积，m²；D_L 纵向弥散系数，m²/s；$\overline{u}$ 为平均流速，m/s；s 为组分的外部源和汇，g/s。

（3）WASP 模型体系。

WASP（water quality analysis simulation program）可用于对河流、湖泊、河口、水库、海岸的水质进行模拟。WASP 常用模型（张永祥等，2009）为

$$\frac{\partial}{\partial t}(AC) = \frac{\partial}{\partial x}\left(-U_x AC + D_x A\frac{\partial C}{\partial x}\right) + A(S_L + S_B) + AS_K$$

（9-5）

式中，C 为组分浓度，mg/L；t 为时间，s；A 为横截面积，m²；U_x 为纵向速度，m/s；D_x 为纵向弥散系数，m²/s；S_L、S_B、S_K 分别为弥散负荷率、边界负荷率、总动力输移率，g/（L³·T）。

（4）BASINS 模型体系。

BASINS（better assessment science in integrating point and non-point sources）模型体系基于 GIS 环境，可对水系和水质进行模拟。该体系由六个相互关联的能对水系和河流进行水质分析、评价的组件组成，它们分别是国家环境数据库、评价模块和工具、水系特性报表、河流水质模型、非点源模型和后处理模块。它能模拟标准的富营养化过程，也能模拟其他水质组分，如杀虫剂的传输。

（5）MIKE 模型体系。

该模型体系包括 MIKE11、MIKE21 和 MIKE3。MIKE11 是一维动态模型，能用于模拟河网、河口、滩涂等地区的情况；MIKE21 是二维动态模型，用来模拟在水质预测中垂向变化常被忽略的湖泊、河口、海岸地区；MIKE3 与 MIKE21 类似，但它能处理三维空间。

以一维 MIKE 模型为例（刘晓琴等，2020）：

$$\frac{\partial C}{\partial t} = E_x\frac{\partial^2 C}{\partial X^2} - \overline{u}\frac{-\partial C}{\partial X} - K_1 L + K_2 L(C_S - C) - S_R$$

$$\frac{\partial L}{\partial t} = E_x\frac{\partial^2 L}{\partial X^2} - \overline{u}\frac{-\partial L}{\partial X} - (K_1 + K_2)L + L_A$$

（9-6）

式中，C、L、C_S 分别为横断面 DO、BOD、当时水温下饱和溶解氧浓度，mg/L；E_x 为沿流向扩散系数，m²/s；$\bar{u}$ 为平均流速，m³/s；t 为时间，s；K_1、K_2 分别为河水中生化需氧量降解速度常数、复氧速度常数，s⁻¹；X 为横断面沿程距离，m；S_R 为由水生生物光合作用、呼吸作用和河床底泥耗氧等引起的溶解氧增减率，mg/（L·s）；L_A 为当地径流或吸着有机物的底泥重新悬浮引起的 BOD 增减率，mg/（L·s）。

（6）其他模型体系。

通过数理统计或其他数学方法建立水质模型。这种方法是一种黑箱式方法，但其模拟预测效果较好。常用的方法有马尔可夫法、灰色模型法、时间序列法、人工神经网络法。

9.3 分析计算与科学评价方法

通过计算污染负荷、水环境承载力，定量分析与评价湖泊营养状况与生态系统健康状况，分析主要污染源特征，掌握湖泊对污染负荷的承受能力，并确定湖泊的类别，为下一步成因诊断提供科学依据。

9.3.1 污染负荷排放量计算方法

1. 人口及发展预测方法

可根据地方的经济社会发展规划提出的人口增长速度和经济发展速度，预测湖泊流域的人口及经济社会发展状况，但同时也要考虑地域差别，给出一定的差异系数。

2. 产业发展预测方法

根据地方的经济社会发展规划，同时要参考地方的行业规划和城市总体发展规划来测算。

3. 点源污染计算方法

工业污染源。利用实测法或用水量推移法计算出废水排放总量，再根据实测法、物料平衡法或单位负荷法计算出工业废水中某污染物的排放量。计算方法详见《湖泊富营养化控制和管理技术》。

城镇生活污水。排放量由城镇人口与城镇生活污水排污系数相乘得到。城镇生活污水排污系数参照《第一次全国污染源普查城镇生活源产排污系数手册》。

4. 面源污染计算方法

1）农田径流

农田径流污染源排放量由农田施肥量和污染物流失系数相乘得到。污染物流失系数参见《第一次全国污染源普查农业污染源肥料流失系数手册》。在农田径流污染排放总量基本确定后，根据其影响因素加以修正。农田径流修正系数见表 9-2。其中，农作物类型修正系数需通过科研实验或者经验数据进行验证。

表 9-2　农田径流修正系数表

坡度	修正系数	土壤类型	修正系数	年降水量	修正系数	化肥施用量	修正系数
≤25°	1.0~1.2	壤土	1.0	<400mL	0.6~1.0	<25kg	0.8~1.0
>25°	1.2~1.5	砂土	1.0~0.8	400~800mL	1.0~1.2	25~35kg	1.0~1.2
		黏土	0.8~0.6	>800mL	1.2~1.5	>35kg	1.2~1.5

2）城市径流

城市径流污染负荷计算方法一般分为三类：一是根据地表径流的水质水量同步监测数据计算负荷的浓度法；二是分析大量的实测资料，直接建立污染负荷与有关影响因素相关关系的统计方法（包括纯经验方法）；三是对污染产生过程进行模拟，建立模型计算的方法（以概念性模型为主）。三种方法各有优势，参见李家科（2010）。

3）农村生活污染

农村生活污染物排放量由农村人口数和污染物排放系数相乘得到。农村生活污染物排放系数为人均 COD 产生量 40g/d、氨氮 4g/d。

4）畜禽养殖

排放量由畜禽（以猪计）养殖数量与其畜禽产污系数相乘得到。畜禽养殖污染物产生量可参照如下经验系数估算：猪，COD 50g/（头·d），氨氮 10g/（头·d）。对畜禽废渣以回收等方式进行处理的污染源，按产生量的 12%计算污染物流失量。规模化畜禽养殖场必须执行《畜禽养殖业污染物排放标准》（GB 18596—2001），标准中对养殖场的排水量和污染物浓度均有规定，按标准折合每头猪的 COD 排放量为 17.9g/（头·d），氨氮排放量为 3.6g/（头·d）。

5）旅游污染计算方法

排放量由旅游人口与旅游污染源排污系数相乘得到。旅游污染源排污系数参照城镇生活污水排污系数。

9.3.2　污染负荷入湖量计算方法

1）地表或地下径流入湖污染负荷

计算公式为

$$W = \sum_{i=1}^{n} Q_i C_i / 1000 \qquad (9\text{-}7)$$

式中，W 为通过地表或地下径流入湖的污染物量，kg/a；Q_i 为入湖径流量，m^3/a；C_i 为地表或地下径流污染物平均浓度，mg/L；n 为地表或地下径流条数。

2）湖面降水入湖污染负荷

计算公式为

$$W = PCA \qquad (9\text{-}8)$$

式中，W 为降水污染负荷量，kg；P 为降水量，mm；C 为湖面面积，km^2；A 为降水中污染物浓度，mg/L。

3）湖面降尘入湖污染负荷

计算公式为

$$W = \frac{1}{n} A \sum_{i=1}^{n} \frac{L_i}{A_i} C_i \qquad (9\text{-}9)$$

式中，W 为湖面年降尘污染量，kg/a；n 为采样器个数；L_i 为第 i 个采样器采集到的降尘量，kg；A_i 为第 i 个采样器的底面积，m^2；C_i 为第 i 个采样器降尘中污染物含量，kg/kg；A 为湖面面积，m^2。

4）船舶运输产生的入湖污染负荷

计算方法见表 9-3（吴震等，2017）。

表 9-3　船舶运输产生的入湖污染负荷计算方法

含油污水负荷量	生活污水负荷量	垃圾污染负荷量
$W = \sum_{i=1}^{n} \sum_{j=1}^{m} W_{ij}$	来自粪便、厨房废物、洗浴水	分为生活垃圾和货物垃圾
W_{ij} 为第 i 船只第 j 次排污的含油量；n 和 m 分别为船只总数和全年航行次数	粪便：37.8L/（d·人） 厨房废物：22.7L/（d·人） 洗浴水：90.8L/（d·人）	生活垃圾：旅客 0.5kg/（d·人），船员 2kg/（d·人）。货物垃圾：离散货物每 100t 产生 20kg，包装材料每 100t 产生 1t

9.3.3　湖泊水环境承载力计算

从能容纳污染物能力角度来看，水环境承载力指在一定的水域，其水体能够被继续使用并保持良好生态系统时，所能够容纳污水及污染物的最大能力，即水体维持生态系统良性循环所能承受的污水最大排放量。湖泊水环境承载力计算包括如下内容。

1）基本资料收集

基本资料包括水文资料、水质资料、入湖泊排污口资料、湖周出入流资料、湖泊水下地形资料等。水文资料包括湖泊水位、库容曲线、流速、入库流量和出库流量等，资料应能满足设计水文条件及数学模型参数的计算要求。水质资料包括湖泊水环境功能区的水质现状、水质目标等，资料应既能反映计算湖泊的主要污染物，又能满足计算水环境承载力对水质参数的要求。入湖泊排污口资料包括排污口分布、排放量、污染物浓度、排放方式、排放规律以及入湖泊排污口所对应的污染源资料等。湖周出入流资料，包括湖泊入流和出流位置、水量、污染物种类及浓度等。湖泊水下地形资料应能够反映湖泊简要地形现状。基本资料应出自有相关资质的单位。当相关资料不能满足计算要求时，可通过扩大调查范围和现场监测获取。

2）确定设计水文条件

湖泊设计水文条件应采用近 10 年最低月平均水位或 90%保证率最枯月平均水位相应的蓄水量作为设计水量。计算湖泊部分水环境承载力时，应采用相应水域的设计水量。

选择湖泊水环境数学模型：根据湖泊的形态、水动力、水文、水质乃至水生态等特征的不同，选择不同的水环境数学模型计算湖泊的水环境承载力，常用的模型以其模拟空间维度的不同有零维模型、一维模型、二维模型和三维模型。

确定水功能区水质目标：一般地，根据湖泊所划分的水（环境）功能区划中限定的湖泊水质目标作为其计算承载力时的水质目标要求。

确定水功能区上游边界值及初始值：根据湖泊水文、水质的实测数据，给出模型所需的边界条件和初始条件。

确定模型参数：通过资料调研、模型试算等方式得到模型所需的关键水动力、水质参数。

计算水域水环境承载力：采用湖泊水环境承载力的计算方法体系，以水环境数学模型为手段，计算水域的水环境承载力。

合理性分析和检验：采用湖泊水质实测数据、入湖污染负荷等资料，检验水环境承载力计算结果的合理性。

9.4　湖泊水污染成因诊断方法

9.4.1　流域经济社会活动对湖泊水生态环境的影响评估

1）湖泊流域

流域指由分水线所包围的集水区。流域是一个完整的体系，水及其运动把流域的各种因素联系到一起（中国环境科学研究院，2012）。由于不同湖泊汇入的水系形状及其组成特征各不相同，湖泊流域的形状与河流流域类似，可分为扇状、羽毛状和平行状等。与河流流域面积大小由出流断面位置确定不同，湖泊流域的面积通常是固定的。

湖泊与河流相比，水域较为封闭，水体流动相对缓慢，水量交换更新周期长，生态系统自我修复能力弱，生态平衡易受到自然和人类活动的影响。因此，相同流域经济社会压力条件下，湖泊更容易发生水质污染和水体富营养化。

2）经济社会活动

社会是共同生活的人们通过各种各样的社会关系联结起来的集合，其拥有不同发展阶段水平的生产力、生产关系，体现为不同的物质文明、精神文明发达水平的家族、民族、社区、企业、组织、机构、经济体等生活区域形态范畴。经济是人类社会的物质基础，一切经济活动都属于社会活动。本节重点关注一定时期湖泊流域内人类生产和生活活动对湖泊水生态环境的影响。

3）影响途径

人类经济社会活动对湖泊的影响是多方面的，主要影响包括流域自然环境性状的改变、水环境污染和湖泊富营养化。

流域自然环境性状的改变主要是指地貌的改变，包括水系变化、土地利用方式变化、植被变化等。对水环境而言，这些变化改变了径流产生的过程和方式，进而影响物质输移的过程和方式，从而决定了人类经济社会活动对湖泊影响过程、范围和程度。另外，流域自然环境性状的改变也会引起流域生态系统结构功能的变化，影响生态系统的自我维护、自我修复的能力，进而影响生态系统的稳定和安全。

水环境污染是人类经济社会活动对流域水环境最直接的影响。人们生活和各种生产活动产生的废物未经处理，或者处理不彻底就排入水体，使水体中这些物质的浓度增加，超过一定数量，水体的使用功能下降，甚至丧失。更严重的是由于水流运动，局部水体污染会四处扩散、蔓延，还会造成更大范围的水污染问题。湖泊富营养化是流域水环境污染和生态破坏的集中反映。

9.4.2 人口密度与 COD 之间关系的评价方法

采用对比分析法，将国内外众多湖泊的流域人口密度与水体 COD 浓度作比较分析，经过科学研究可以得出如下评判图，如图 9-2 所示。

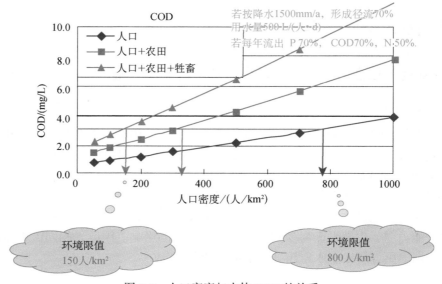

图 9-2 人口密度与水体 COD 的关系

采用对比分析法，绘制流域不同人口模式（人口、人口+农田、人口+农田+牲畜）的人口密度与水体 COD 浓度的关系图，得出湖泊流域内人口密度的环境限值。如果小于限值，人口压力不是太大；如果接近限值，说明人口已近饱和，需要采取适当的人口控制措施；如果大于限值，说明人口规模超过湖泊流域的承载限值，需要采取严格的人口控制措施。

9.4.3 外界压力与湖泊承载能力的比较分析

根据湖泊水环境承载力，通过各种模型转化计算得出湖泊所能承受的外界压力限值，然后与流域各种外界压力值相比较，得出各承压状况。再选取合适的计算模型，对各指标值进行归一化后赋分值，最后按分值确定湖泊环境所受压力类型及压力大小，并对各压力的贡献进行排序，详见表 9-4。

表 9-4　流域外界压力与湖泊承载能力分析表

流域外界压力	承载限值	流域现状值	前两者比值	权重	分值	排序
人口增加速度						
经济发展速度						
污染物入湖负荷						
各管理指标						
……						

9.4.4　湖泊及流域生态退化程度

根据湖泊生态健康评价结果以及流域相关水质模型，将湖泊及其流域的关联进行识别，建立湖泊-流域生态系统动力学模型，综合评价湖泊-流域生态系统退化程度，揭示湖泊-流域生态系统退化的过程和机理，研究湖泊及流域退化生态因子，为湖泊-流域生态恢复和可持续发展提供依据。

9.5　湖泊环境压力综合分析评估

9.5.1　评估目标

流域经济社会活动对湖泊的影响评估旨在从湖泊保护的需要角度出发，评价人类活动是否适当，包括人类活动的方式和活动的强度。一方面，评价人类活动对湖泊产生的环境压力的大小处在什么水平，是否超出湖泊发生富营养化控制的范围。另一方面，评价人类活动对湖泊水环境的影响大小、影响范围和影响程度，并据此控制、调整、改变人类活动的方式和强度，达到控制湖泊富营养化、改善湖泊、保护环境的目的。详见图 9-3。

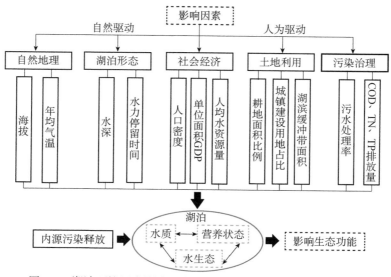

图 9-3　湖泊环境压力影响因素（中国环境科学研究院，2012）

9.5.2 评估程序与步骤

1）评估资料准备

经济社会数据的调查主要来源于各种经济社会统计数据，部分未列入经常性统计的数据，通过实地调查和访谈获得。

2）经济社会活动影响评估

（1）建立评价指标体系：根据流域的自然、社会和经济特征，建立具有层级结构的评价指标体系。整个指标体系包括经济社会指标、流域资源指标、调控管理指标。

（2）分析数据和资料：本项研究涉及的数据包括人口和经济社会数据、土地利用数据、环境质量数据、环境污染数据以及其他统计和调查数据，其中，土地利用数据通过遥感解译获得，环境污染数据通过实地调查结合数学模型计算获得，环境质量数据和其他统计调查数据从环境监测站以及其他相关部门获得。

（3）建立综合评估模型：综合评价是整合单要素评价的结果进而对整个流域人类经济社会活动对湖泊的生态与环境的影响进行评估。

（4）影响估算：根据收集的资料，运用评估数学模型，估算流域经济社会活动产生的环境压力，定量估算对湖泊和流域水环境质量的影响。

9.5.3 环境压力评估指标体系

1. 评价指标选取原则

科学性原则。指标的选取应遵循科学性原则，所选取的指标应真实反映自然-经济-社会复合生态系统的现状。

系统性原则。指标体系要能够按系统的观点确定相应的评价层次，将评价目标和评价指标有机联系起来，构成一个层次分明的评价指标体系。所选指标必须形成一个完整的体系，全面地反映生态环境的本质特征，并且各指标之间具有不可替代性。

代表性原则。指标不宜过多过细，相互重叠，也不可过少过简，缺乏代表性。

可操作性原则。选取的指标应易于收集，尽可能采用现有统计指标体系内已有的指标，如国民经济统计指标体系和环境统计指标体系。

可表征性和可度量性。应以一种便于理解和应用的方式表示，其优劣程度应具有明细的可度量性，并可用于评价单元间的比较。选取指标时，多采用相对性指标，如强度或百分比等。评价指标可以直接赋值量化，也可以间接赋值量化。

2. 评价指标体系的总体结构

评价指标体系围绕流域人类活动对湖泊生态的影响，依据湖泊生态安全的内在机理在不同的部分间分析和识别因果关系。将调整和综合后的影响因子按经济社会压力、调控管理能力两部分建立评价指标体系，定量描述经济社会活动及调控管理对湖泊造成的压力，评价体系结构见表9-5。

表 9-5　湖泊流域环境压力指标体系结构

方案类别	因素名称	指标名称
经济社会压力	人口	流域人口密度
	经济	人均 GDP
		单位面积 GDP
流域资源	水量	人均水资源占有量
	土地利用	城镇建设用地比例
		耕地比例
调控管理	调控管理	污水处理率

3. 评价指标和测算方法

1）经济社会压力指标

（1）流域人口密度。

指标说明：湖泊流域内单位面积人口数量。

测算方法：湖泊流域内总人口数/湖泊流域面积。

单位：人/km²。

选择理由：人口密度是流域面源污染的主要相关因素之一，同时，人口密度属于常规经济社会统计数据，比较容易获得。

（2）人均 GDP。

指标说明：湖泊流域内人均创造的地区生产总值。

测算方法：湖泊流域内 GDP 总量/湖泊流域内总人口数。

单位：万元/人。

选择理由：人均 GDP 是衡量经济社会发展水平和压力最通用的指标，不同的人均 GDP 水平，既能反映经济社会发展概况，也能在一定程度上间接反映经济社会活动对环境的压力。

（3）单位面积 GDP。

指标说明：湖泊流域内单位面积创造的地区生产总值。

测算方法：湖泊流域内 GDP 总量/湖泊流域面积。

单位：万元/km²。

选择理由：单位面积 GDP 是指归一化处理之后的单位土地上的平均年产值，是反映企业土地利用效率的一个重要指标。

2）流域资源

（1）人均水资源占有量。

指标说明：湖泊流域内人均占有的水资源量。

测算方法：湖泊流域内 GDP 水资源总量/湖泊流域内总人口数。

单位：m³/人。

选择理由：人均水资源量是一个具有概括性的指标，能够反映流域水资源总量在流域内每一位居民的分摊量，代表了流域内水资源的紧缺程度。

（2）城镇建设用地比例。

指标说明：湖泊流域内城镇用地（包括交通及工矿用地）面积占总面积的百分比。

测算方法：湖泊流域内城镇用地面积（包括交通及工矿用地）/湖泊流域总面积。

单位：无（常数）或%。

选择理由：城镇用地是各自土地利用类型中受人类活动影响最大的一种土地利用类型，城镇用地比例直接反映了人类活动对流域生态系统的影响程度。

（3）耕地比例。

指标说明：湖泊流域内耕地面积占总面积的百分比。

测算方法：湖泊流域内耕地面积/湖泊流域总面积。

单位：无（常数）或%。

选择理由：耕地比例反映了人类农业生产状况，在一定程度上反映了面源污染对流域水质的影响。

3）调控管理

污水处理率。

指标说明：污水处理率指经过处理的生活污水、工业废水量占污水排放总量的比例。

测算方法：湖泊流域内污水处理量/湖泊流域污水排放量。

单位：无（常数）。

选择理由：污水处理率反映了流域范围内调控管理投入状况。

9.5.4 环境压力评估标准

1）影响等级

通常对事物优劣进行数量评价可采用两种方法，即相对评价方法与绝对评价方法。相对评价方法，即将若干个待评价事物的评价数量结果进行相互比较，最后对各待评事物的综合评价结果排出优劣次序；绝对评价方法，则是根据对事物本身的要求，评价其达到的水平，包括较原状增长水平和接近潜势自然状态水平。

考虑目前许多指标绝对值的研究尚不成熟，同时为了保证所有指标评价标准的一致性，因此在对单指标和综合指标的分析中均采用了相对评价方法。按照综合评价的得分，从高到低排序，来反映生态系统状况从优到劣的变化。

在开展流域经济社会活动对湖泊影响评价的研究过程中，需要制定评价标准，根据相应的标准，确定某一评价单元特定的指标属于哪一个等级。在指标标准值的确定过程中，主要参考：①对已有的国家标准、国际标准或经过研究已经确定的标准，尽量沿用其标准值；②参考国内外具有良好特色的流域现状值作为分级标准；③依据现有的湖泊与流域社会、经济协调发展的理论，定量化指标作为分级标准；④对于目前研究较少，但对其环境影响评价较为重要的指标，在缺乏有关指标统计数据时，暂时根据经验数据进行分级标准。

2）数据的标准化

评价指标确定以后，由于各个评价指标具有不同量纲，真实数据差异较大，直接用它们进行评价很困难，因为各个因子之间没有可比性。这些连续的定量数据，不仅数据量很大，计算处理困难，而且尽管可以根据实测数值大小来判断它们对生态环境质量影响的程度，但也因缺少一个可作对比的环境标准而无法确切地反映其对生态环境系统的影响，因而需要按照一定的标准分级归并，对各级别根据其对生态环境质量的贡献程度大小，从低到高赋予相应的分值。为此需要通过标准化处理形成无量纲的数据结果。

对参评湖泊筛选指标的值进行排序，对指标压力较小值的前 35% 赋分为 0～35 分；中间 35% 赋分为 35～70 分；后 30% 赋分 70～100 分。使用插值法进行指标赋分，并结合权重计算综合压力评分（表 9-6 和表 9-7）。

表 9-6　经济社会活动对湖泊的影响评价指标 1

评价因子	单位	评价分值		
		0～35	35～70	70～100
流域人口密度	人/km²	0～350	350～650	>650
人均 GDP	万元/人	0～4.5	4.5～7	>7
单位面积 GDP	万元/km²	0～1300	1300～3500	>3500
人均水资源占有量	m³/人	>2000	700～2000	0～700
城镇建设用地比例	%	0～2	2～8	>8
耕地比例	%	0～24	24～42	>42
污水处理率	—	0.95～1	0.9～0.95	0～0.9

表 9-7　经济社会活动对湖泊的影响评价指标 2

环境压力	低级	中级	高级
综合评分	<35	35～70	>70
颜色表征			

9.5.5　环境压力评估方法

采用层次分析法确定各评价指标的权重。生态综合评价的指标体系常常涉及多个评价指标，就总体评价目标而言，每个评价指标只占很小的权重份额，要直接确定每个评价指标的权重，通常比较困难。但同时，生态系统之间存在着密切的联系，系统与子系统、子系统与各要素之间形成明显的层次关系，为层次分析法的运用提供了条件。

层次分析法是一种定性与定量相结合的方法，常常应用于多指标评价体系中各评价指标权重的确定（表 9-8）。它由各种因素组成，通过相互联系的有序层次使之条理化，并能把数据和分析者的主观判断直接有效地结合起来，就每一层次相对重要性予以定量表示。然后，利用数学方法确定每一层次全部元素的相对重要性权值，通过排序结果分析，求解所提出的问题。层次分析法是一种将思维过程数学化的方法，它不仅能够简化系统的分析与计算，还有助于使决策者保持其思维过程一致性。

表 9-8　指标及权重

方案类别/权重	因素名称/权重	指标名称/权重
经济社会压力/0.7272	人口/0.484	流域人口密度/1
	经济/0.258	人均 GDP/0.56
		单位面积 GDP/0.44
	水量/0.133	人均水资源占有量/1
	土地利用/0.124	城镇建设用地比例/0.5
		耕地比例/0.5
调控管理/0.2728	调控管理/1	污水处理率/1

层次分析法的基本原理是把所有要研究的复杂问题看作一个大系统，通过对系统中多个因素进行分析，划分出各因素间相互联系的有序层次；再请专家对每一层次的各因素进行客观的判断，建立数学模型，计算每一层次全部因素的相对重要性权值，并加以排序。

第10章 湖泊主要水污染物削减阶段性目标确定

根据我国湖泊营养物生态分区、营养物基准和富营养化控制标准的研究成果，结合湖泊富营养化控制和管理目标，制定湖泊营养物容量总量控制与氮磷负荷削减分类指导技术方案。按照不同分区湖泊营养盐控制的技术方向和特点，制定我国湖泊富营养化分区控制策略。依据总体设计、分级制定、分步实施的原则，制定国家宏观层次的、以营养生态分区为基本控制单元的湖泊营养物分区、分类、分期削减方案。对于富营养化现象十分严重、已经出现或明显存在重大生态风险的湖泊营养分区采用氮磷污染控制目标导向的治理和管理措施，以污染治理为主，生态修复为辅，实施严格的排放标准和总量控制措施；对于富营养化现象出现频率高、有一定生态风险的湖泊采用环境质量改善为目标导向的治理和管理措施，以生态修复为主，氮磷污染控制为辅，实施严格的湖泊富营养化控制质量标准，以湖泊环境质量"倒逼"经济结构调整，实现以环境保护优化经济增长；对于富营养化现象较少、水生态质量较好的湖泊采用以生态保育和环境风险防控为目标导向的环境管理。

10.1 阶段性目标确定的技术路线

在湖泊水生态状态分类的基础上，结合富营养化控制分级标准，对湖泊流域营养物削减进行科学规划，制定既能满足容量总量控制要求，又能体现水质差异的近期、中期、远期湖泊流域营养物削减目标；分析不同时期湖泊营养盐控制的技术方向和特点，确定技术发展趋势，制定湖泊营养物控制的国家技术纲要；按照分级标准结合湖泊流域的自然生态和经济社会特征，从技术和管理角度提出我国湖泊营养物分期削减控制与管理措施。在湖泊水生态分类结果的基础上，根据各生态分区氮磷污染的成因、沉积过程和营养物内外负荷对营养状态的影响，综合考虑各分区经济社会发展所处的阶段及其营养物排放特征，分析不同时期的经济社会与生态环境需求变化，设计分期湖泊营养物的最低排入水平和总体控制目标。以湖泊水生态级别提升为基本目的，以富营养化控制分级标准为削减量制定的依据，以生态分区为控制单元制定阶段式营养物削减目标，为湖泊水生态状态和水质指标的改善提供科学的近期、中期和远期规划，见图 10-1。

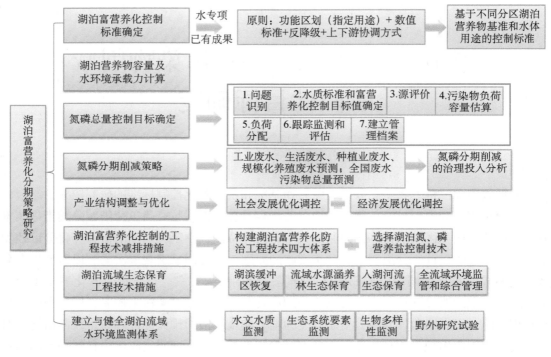

图 10-1　湖泊分期控制目标研究

10.2　湖泊营养物容量及水环境承载力计算

对湖泊水环境进行综合治理，提出我国湖泊营养物氮、磷削减达标策略与实施方案。首先，必须明确湖泊的营养物容量，以及湖泊流域的水环境承载力。研究从湖泊尺度、流域尺度上，基于不同湖泊的水体功能确定湖泊的保护规划水质目标和湖泊水生态系统健康恢复目标，在差分栅格尺度将二维水动力学模型与营养物环境容量计算结合研究，通过水动力学模型计算结果建立湖泊营养物环境容量模型，将湖泊的营养物浓度分解到水动力学模型计算的各个网格点上，聚合计算得到整个湖泊营养物的容量。然后引入概率，将湖泊营养物容量计算方法集成构建为概率型湖泊营养物容量计算方法，对湖泊的营养物容量进行计算。根据营养物容量的计算结果，确定湖泊流域内可以入湖的营养物总量，进而应用容量总量削减分配技术将允许入湖的污染物总量分配到流域内各行政区上，实现行政区上的控制管理。在湖泊流域层次上，综合流域人口、湖泊水质、经济规模、水资源量以及入湖负荷量，引入系统动力学模型形成一个开放的系统动力学模型对湖泊流域的水环境承载力进行评估。湖泊营养物容量计算模块部分为水环境承载力的研究提供了负荷容量比等指标。

10.2.1　湖泊营养物容量计算

为了更好地治理和改善我国湖泊的水环境状况，权衡经济社会与环境的可持续性发展，首先必须核算清楚我国各湖泊的营养物容量，以便明确在一定的水质控制标准以及一定的设计水文条件下我国湖泊可容纳的营养物总量。

湖泊营养物容量是指具有某一设计水情（即某一保证率）的湖泊为维持其水环境质量标准，而允许入湖的污染物质的量。它既通过水文特征反映了湖泊的自然属性，又通过水质目标反映了人类对环境的需求。为了确定湖泊营养物容量，首先必须确定水环境容量计算的规划设计条件，如水质保护目标、水文条件等。从水体稀释、自净的角度来看，湖泊营养物容量由两部分组成：差值容量（稀释容量）和同化容量（自净容量）。稀释容量指在给定水域的来水污染物浓度低于出水水质目标时，依靠稀释作用达到水质目标所能承纳的污染物量。自净容量即由于沉降、生化、吸附等物理、化学和生物作用，给定水域达到水质目标所能自净的污染物量。此时湖泊营养物容量即稀释容量与自净容量两部分之和。若从控制污染的角度看，湖泊营养物容量可从两方面来反映：绝对容量和年（日）容量。绝对容量即某意识体所能容纳某污染物的最大负荷量，它不受时间的限制。年（日）容量即在水体中污染物累积浓度不超过环境标准规定的最大容许值的前提下，每年（日）水体所能容纳某污染物的最大负荷值。

湖泊营养物容量的计算研究已经相对成熟，本节在进行了大量的文献调研等研究工作之后，归纳总结了湖泊营养物容量的计算模型，给出了湖泊营养物容量计算的一般方法，如图 10-2 所示，其步骤如下。

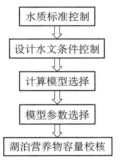

图 10-2　湖泊营养物容量计算流程

第一步，水质标准控制。水质控制标准是研究湖泊营养物容量计算模型的基础，只有在满足水质控制标准的情况下，计算出的湖泊营养物容量才有意义。不同水质控制标准对应着不同的营养物容量计算结果，因此，计算湖泊营养物容量首先必须确定出满足研究区内各环境功能区划的水质控制标准。计算湖泊营养物容量必须明确湖泊的水质保护目标，在实际湖泊技术路线图制定过程中，充分调研目标湖泊已制定的相关规划，与其制定的湖泊富营养化水质控制标准相契合。

第二步，设计水文条件控制。水环境容量由水体自然的及人工干扰下的水文过程所提供，因此水环境容量核算的前提条件是确定这一过程的特性，水文过程时空分布的差异决定了水环境容量的差别。

第三步，计算模型选择。在水质标准控制和水文条件确定的基础上，污染物的允许排放量受水体环境目标的约束，其核算需要以水力学模型及水质模型提供的污染物浓度时空分布为基础。

第四步，模型参数选择。采用不同的数学模型进行分析计算。选择合适的模型为容量核算所必需，其对模拟的可靠性重要至关；而模型运算所需的各类参数对模拟及预报的精度影响很大，往往需要利用各种技术手段获取。

第五步，湖泊营养物容量校核。对于计算的湖泊营养物容量结果，往往会由于数据采集以及模型计算时的误差造成结果不准确，因此需要对计算结果进行湖泊营养物容量的校核。

1. 水质标准控制

充分参照地方针对湖泊编制的近中远期规划，采用相同或相近标准进行计算。

2. 设计水文条件控制

目前我国可以利用的湖泊设计水文条件为国标《制订地方水污染物排放标准的技术原则与方法》（GB 3839—83）中的规定。

一般湖泊：近十年最低月平均水位或90%保证率最低月平均水位相应的蓄水量。

大江大河和水面辽阔的湖库：应按上述原则确定相应的沿岸水保护区的水量为设计水量。

不能实施上述要求另定设计水量时，需经上级主管部门同意。

这个规定用于地方排放标准的制定时，对于入湖的河流是确定河口功能区的浓度，对直排口是确定排放标准。但是由于湖泊与河流的混合特征及滞留时间、平面特征的不同，单一的90%保证率控制指标不一定能够满足控制要求。这主要体现在，设计低水位的时期可能不是最危险的情况，如低水位时有风驱流动产生的流速，高水位时有强烈分层等情况。因此，湖泊的设计水文条件可能更需要根据不同湖泊的具体情况确定。湖泊的水文及水力学特征较河流要复杂，不同湖泊千差万别。在全国采用统一的设计水文条件比较困难。

3. 计算模型选择

计算湖泊营养物容量，需要四类模型，分别为流域概化模型、水动力学模型、污染源概化模型和水质模型。流域概化模型使用地理信息系统等3S（GIS、GNSS、RS）技术将实际的研究区域显示到空间分布上，同时将复杂的湖区或河道进行简化处理，以便概化成方便计算的研究区域；水动力学模型用来模拟湖泊不同时段的湖泊水流流速、流向等，用来厘清湖泊的水动力学机制；污染源概化模型用来概化排污口在功能区湖区或河段内的分布，不同的污染源概化方式会导致湖泊营养物容量计算结果的不同；水质模型用来计算湖泊营养物的含量。将上述四类模型结合起来，选择适合于研究区域湖泊的模型进行计算，即可得到指定湖泊营养物的指定值。

1）流域概化模型

湖泊营养物容量计算需要将天然水域（河流、湖泊水库）概化成计算水域，如天然河道可概化成顺直河道，复杂的河道地形可进行简化处理，非稳态水流可简化为稳态水流等。流域概化的结果，就是能够利用简单的数学模型来描述水质变化规律。同时，支流、排污口、取水口等影响水环境的因素也要进行相应概化。若排污口距离较近，可把多个排污口简化成集中的排污口。流域概化模型是一种介于流域概念性模型与流域黑箱子模型之间的流域模型，它一方面将流域或湖泊河段概化成有物理意义的演算单元，按其演算单元的物理意义导出有物理概念的概化模型；另一方面根据系统的输入和输出关系进行模型鉴别和确定模型参数。流域概化模型需要的基础资料包括水域水文资料（流速、流量、水位、体积等）、水域水质资料（多项污染因子的浓度值）、水域内的排污口资料（废水排放量与污染物浓度）、支流资料（支流水量与污染物浓度）、取水口资料（取水量、取水方式）、污染源资料等（排污量、排污去向与排放方式）。对这些数据进行一致性分析，可形成数据库。

通常可以在获得研究湖泊的排水流量和水质数据的基础上，通过建立 SWAT 模型对流域进行概化。通常的操作步骤为：首先载入一定分辨率的 DEM 数据，并基于 DEM 提取河道。然后，把研究区按一定的子流域面积阈值划分成若干子流域。鉴于研究区域的特殊性和复杂性，需要对河道提取和子流域划分过程进行特殊处理。

2）水动力学模型

湖泊二维水动力学-水质模型是应用比较广泛的水动力学模型，在湖泊研究中占有十分重要的地位，它可以利用差分法将湖泊划分为格网，在栅格尺度上数值模拟湖泊各格网上的各项物理量。将湖中的流动和污染物的对流扩散按二维浅水问题来计算，将 N-S 方程沿垂线积分引入垂向平均量，即可得到湖泊二维水动力学-水质模型方程组。

（1）水流连续方程。

$$\frac{\partial H}{\partial t}+\frac{\partial}{\partial x}(Hu)+\frac{\partial}{\partial y}(Hv)+\alpha=0 \tag{10-1}$$

式中，H 为水深，m；u，v 分别为 x，y 方向的垂线平均流速，m/s；α 为蒸发系数，mm/s。

（2）水流运动方程。

$$\frac{\partial u}{\partial t}+u\frac{\partial u}{\partial x}+v\frac{\partial u}{\partial y}=fv-g\frac{\partial z}{\partial x}-\frac{gu\sqrt{u^2+v^2}}{c^2H}+\xi_x\Delta_u^2+\frac{\tau_x}{\rho H}$$

$$\frac{\partial v}{\partial t}+u\frac{\partial v}{\partial x}+v\frac{\partial v}{\partial y}=-fu-g\frac{\partial z}{\partial y}-\frac{gv\sqrt{u^2+v^2}}{c^2H}+\xi_y\Delta_v^2+\frac{\tau_y}{\rho H} \tag{10-2}$$

式中，z 为水位，m；H 为水深，m；u，v 分别为 x，y 方向的垂线平均流速，m/s；g 为重力加速度，m/s²；ρ 为水体密度，kg/m³；c 为相应水深下的谢才系数，m$^{1/2}$/s，通过满宁公式 $c=\sqrt[6]{H}/n$ 计算，其中 n 为湖底糙率；f 为柯氏力常数，$f=2\Omega\sin\varphi$，φ 为纬度，Ω 为地转角速度，约为 $2\pi/（24×3600）$，弧度/s；ξ_x 和 ξ_y 分别为 x、y 方向上的涡动黏滞系数，m²/s；Δ 为微分算子，$\Delta^2=\frac{\partial^2}{\partial x^2}+\frac{\partial^2}{\partial y^2}$；$\tau_x$，$\tau_y$ 分别为 x，y 方向上的风切应力。

3）污染源概化模型

由于我国湖泊多为浅水湖，污染物质在较短的时间内基本上能混合均匀。通常情况下，对同一个水功能区湖区或河段而言，污染物排放口不规则地分布于湖泊内的不同断面，功能区下边界断面处的污染物浓度是所有排污口对湖泊水体中贡献的污染源浓度的叠加。在计算湖泊营养物浓度时，需要对排污口在功能区湖区内的分布加以概化。目前，污染源概化方式通常有三种，即均匀排放、中间排放和顶点排放。下面以一维水质模型为例，说明不同概化方式对湖泊营养物容量计算结果的不同。

（1）均匀排放：认为同一功能区内的污染源沿功能区湖区均匀排放。在湖区内选一微段，长为 dX，坐标为 X，则此微段污染物输运至 $X=L$ 处的剩余质量为

$$dm = \frac{W}{L} e^{-k\frac{L-X}{u}dx} \tag{10-3}$$

单位时间，经过 $X=L$ 所在断面的污染物总质量，应为上游 L 长湖区内排放的各微段的质量降解至该断面剩余质量的叠加。

$$m = \int_0^L dm = W\frac{u}{KL}(1-e^{-K\frac{L}{u}}) \tag{10-4}$$

功能区终止断面相应浓度为

$$C_s = W\frac{u}{QKL}(1-e^{-K\frac{L}{u}}) + C_0 e^{-K\frac{L}{u}} \tag{10-5}$$

式中，C_s 为终止断面要求的水质浓度，mg/L；C_0 为起始断面设计水质浓度，mg/L；K 为某种污染物质的综合衰减系数，1/s；L 为功能区划湖区长度，m；u 为功能区划河段平均流速，m/s；Q 为功能区划河段设计流量，m³/s。

（2）中间排放：认为同一功能区内的污染源集中在功能区中间断面排放。污染源在湖区中间排放，单位时间内的污染源降解至终止断面的剩余质量为

$$m = We^{-K\frac{L}{2u}} \tag{10-6}$$

功能区终止断面相应浓度为

$$C_s = C_0 e^{-K\frac{L}{u}} + \frac{W}{Q}e^{-K\frac{L}{2u}} \tag{10-7}$$

（3）顶点排放：认为同一功能区内的污染源集中在功能区起始断面排放。污染源在河段顶点排放，单位时间内的污染源降解至终止断面的剩余质量为

$$m = We^{-K\frac{L}{u}} \tag{10-8}$$

功能区终止断面相应浓度为

$$C_s = C_0 e^{-K\frac{L}{u}} + \frac{W}{Q}e^{-K\frac{L}{u}} \tag{10-9}$$

各项参数中，C_s、C_0、L 在功能区河段划定后即为已知值；设计流量 Q 和相应流速 u 根据设计水文条件确定；综合衰减系数 K 根据功能区河段情况确定。

4）水质模型

通常水质模型分为零维模型、一维模型、二维模型和面源（非点源）模型四种类型。根据水环境功能区的实际情况，环境容量计算一般用一维水质模型。对有重要保护意义的水环境功能区、断面水质横向变化显著的区域或有条件的地区，可采用二维水质模型计算。在模型计算时，尤其是对于大江大河的水环境容量，必须结合混合区或污染带的范围

进行计算。

（1）零维模型。

用来计算稀释容量。适用于不存在分层现象、无须考虑混合区范围的富营养化问题和热污染的湖泊。污染物进入水体后，污染物完全均匀混合在断面上，污染物的指标无论是溶解态的、颗粒态的还是总浓度，其值均可按节点平衡原理来推求。对于湖泊，零维模型主要有盒模型。可依流场、浓度场等分布规则进行分盒的湖泊和水库，其环境问题均可按零维盒模型处理。符合下列两个条件之一的环境问题可概化为零维问题：①湖水流量与污水流量之比大于 10～20；②不需考虑污水进入水体的混合距离。

以年为时间尺度来计算湖泊的营养物容量时，可把湖泊看作一个完全的混合反应器，这样盒模型的基本方程为

$$\frac{V\mathrm{d}C}{\mathrm{d}t} = QC_\mathrm{E} - QC + S_\mathrm{c} + \gamma(c)V \qquad (10\text{-}10)$$

式中，V 为湖泊中水的体积，m^3；Q 为平衡时流入与流出湖泊的流量，m^3/a；C_E 为流入湖泊的水量中水质组分浓度，$\mathrm{g/m}^3$；C 为湖泊中水质组分浓度，$\mathrm{g/m}^3$；S_c 为如非点源一类的外部源和汇，m^3；$\gamma(c)$ 为水质组分在湖泊中的反应速率。

（2）一维模型。

对于湖泊而言，一维模型假定污染物浓度在河流纵向上发生变化，主要适用于同时满足如下条件的湖泊：①污染物在较短的时间内基本能混合均匀；②污染物浓度在断面横向方向变化不大，横向和垂向的污染物浓度梯度可以忽略。

在忽略离散作用时，一维稳态衰减规律的微分方程为

$$C = C_0 \mathrm{e}^{-K\frac{x}{u}} \qquad (10\text{-}11)$$

式中，u 为湖泊断面平均流速，$\mathrm{m/s}$；x 为沿程距离，km；K 为综合衰减系数，$1/\mathrm{d}$；C 为沿程污染物浓度，$\mathrm{mg/L}$；C_0 为前一个节点污染物浓度，$\mathrm{mg/L}$。

（3）二维模型。

一般方程为

$$C(x,z) = \frac{m}{hu\sqrt{\pi E_y \frac{x}{u}}} \exp\left(-\frac{z^2 u}{4E_y x} - K\frac{x}{u}\right) \qquad (10\text{-}12)$$

式中，$C(x,z)$ 为排污口对污染带内点（x,z）处浓度贡献值，$\mathrm{mg/L}$；m 为湖泊入湖排污口污染物排放速率，$\mathrm{g/s}$；u 为污染带内的纵向平均流速，$\mathrm{m/s}$；h 为污染带起始断面平均水深，m；E_y 为横向扩散系数，m^2/s；x 为敏感点到排污口纵向距离，m；z 为敏感点到排污口所在岸边的横向距离，m；K 为综合衰减系数，s^{-1}；π 为圆周率。

按照湖泊水文特征，可以把二维模型分为静止水体二维水质模型、平流段二维水质模型、感潮段二维水质模型和潮汐河网二维水质模型。从解的形式来分，二维模型可分为解析解二维水质模型和数值解二维水质模型。按照投放方式来分，二维模型可分为瞬时投放和连续投放两大类。其中，瞬时投放又可以根据投放位置的不同分为瞬时岸边投放水质模型和瞬时江心投放水质模型。类似地，连续投放方式的二维模型又可分为点源岸边连续投

放水质模型、点源江心连续投放水质模型、线源岸边连续投放水质模型和线源江心连续投放水质模型。

（4）面源（非点源）模型。

非点源污染负荷模型用来计算一定流域内由非点源污染造成的各种污染物的输出情况。选择或建立与当地实际情况符合较好的负荷模型，是对各种污染物控制措施进行模拟筛选的模型。我国实用的非点源污染控制模型尚处在初步应用阶段，本次水环境容量计算，一般不要求进行非点源模型模拟。

5）模型选用步骤

（1）明确环境问题，确定限制因子。

模型选择的第一步是要明确所需模拟的污染因子，只有在环境问题清楚的情况下，才可能选择可模拟污染因子的模型。例如，溶解氧大范围超标，说明有机污染严重，污染因子可能是 BOD、氨氮过高或沉积物耗氧过大；藻华频发，可能是氮磷负荷过高，需分清楚点源与非点源的大致比例。

（2）明确分析目标，选择模型。

在污染因子明确后，可根据污染因子的特性进行水质目标的分析，明确其允许平均期、重现期等信息。对非点源占优的情况，可能要采用流域模型，而非点源问题不突出的情况下，可采用稳态模型。

确定设计水文条件类型，以可以处理已知污染因子为原则选择：①稳态模型或动态模型；②模型维数选择（零维、一维、二维）；③解析模型或数值模型；④自编或采用通用模型。

（3）收集资料，模拟准备。

模拟对象、模拟工具确定后，可以开始进行模拟准备，根据模型的输入要求收集资料和数据，一般包括：①水文数据，如水文站的位置坐标，水文站流量、水位、水温等的时间序列资料。②地形数据，如湖泊、水库等水体的水下地形图。③水力学数据，如水文站流量-过水断面面积关系、流量-断面平均流速关系、流量-水位关系、流量-水深关系等。④水质数据，如水质观测断面的位置坐标、需要模拟污染因子的水质资料、水质资料同期的水文数据。⑤点源数据，如生活污染源、工业企业污染源、点源的位置坐标、点源排放量。⑥非点源数据。如果需要模拟非点源，即需要收集区域内土地利用类型、耕作方式、区域内化肥施用情况、区域内农业人口的分布情况、降水情况。⑦分区人口、土地、GDP、水资源量的数据。

（4）确定边界条件。

确定控制时段即设计水文条件，包括设计流量、设计水位、下边界潮位过程等。

（5）模型校正。

进行模型系数设计，组分分析，模拟结果及数据的量化比较。

（6）模型验证。

采用多种方法进行参数的识别，利用至少两组数据进行参数的识别和验证。

4. 模型参数选择

无论解析解还是数值解，水质模拟都需要确定必要的模型参数、边界条件、初始条件等。确定模型参数，一般需要考虑的问题是：①采用集中参数还是分布参数；②参数中哪些参数敏感，哪些参数不敏感；③每个参数有几种确定的方法；④不同确定方法的精度、时间上的可行性、经费上的可能性。

前面提到的一些水质模型，根据求解问题的不同，有的要求输入很多参数；国外的一些软件，部分参数根据某些具体实例的计算模拟进行过验证，但不具备普遍意义，其提供的参数大多数仅具有参考价值。而在我国，目前资料较难收集，现场实测验证投入的经费又很大，不可能全面推广。因此，我国目前采用的参数选择方法多以文献调研、常规监测数据估算为主，现场实验为辅（图 10-3）。我国地域广阔，水质参数的地区性差异很大，需要对参数选择作必要的规范，以保障水质模拟的精度。

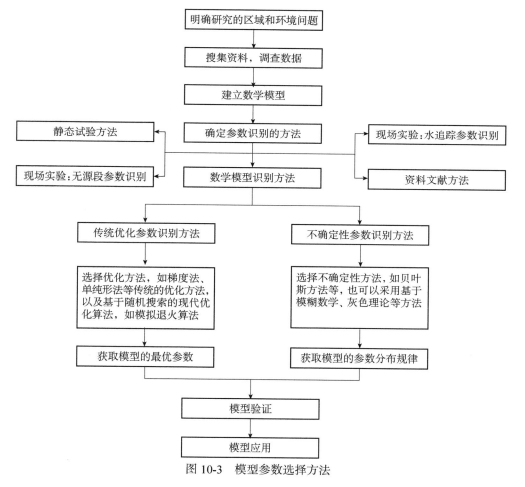

图 10-3　模型参数选择方法

（1）确定参数识别的区域和数据。

一般来说，能够用来进行参数识别的区域和研究区域并不一致。例如，研究的对象是较大的流域，很难对全流域进行数学模型的参数识别。因此，需要根据现有数据情况，确定用来参数识别的区域，如果数据不足，可以设计现场监测实验，以获取可以进行参数识别的数据。

确定参数识别的区域，在该区域建立起数学模型，这一数学模型与整个研究区域内的数学模型结构是完全一致的，以保持模型的外推性。同时，研究区域内的数据资料的情况，也直接影响数学模型参数识别的方法，以及数学模型参数的选取。

由于研究区域与数学模型参数识别的区域往往并不一致，需要进行数学模型参数的外推，这在一定程度上会给模型带来误差。然而，这种误差是不可避免的，也是可以接受的。

（2）确定参数模型参数识别的方法。

根据已有的数据情况，可以采用室内实验方法、现场试验方法、经验参数法和数学模型率定来对模型参数进行识别。①室内实验方法：静态或流水实验方法。②现场试验方法：无源段参数识别方法，水团追踪参数识别。③经验参数法：资料文献调研方法，可以通过前人的研究成果，估计参数的大致范围。④数学模型率定：利用水质模拟的数学模型及实测的水文水质同步或准同步数据，进行多参数的识别。

实践表明，在数据不足、数据具有较大误差的情况下，采用某一种方法很难对数学模型的参数进行准确的识别。即使采用数学模型方法进行参数识别，其参数所存在的不确定性也是非常明显的。一方面，需要增加用来进行数学模型参数识别的数据，提高精度，特别是对环境状况的调查要趋于全面；另一方面，也应该对照各种方法所得到的结果，进行综合分析，才能最终较好地确定数学模型的参数。

就一般经验而言，对一个多参数的数学模型进行参数识别，是一个复杂系统的识别，复杂环境系统在可能的情况下应尽可能采用分级处理，以减少计算复杂性及不同参数之间识别的干扰。例如，对一个富营养化模型识别的第一步是确定物理参数，可利用保守物质浓度确定离散系数，在保守物质模拟平衡完成之后，再考虑非保守物质、耦合物质的参数识别；而这一层次的识别，也可以先考虑参数少的系统再考虑参数多的系统，如先考虑氧平衡，再考虑氮磷平衡。当然，分级之间允许反馈。当参数之间出现相关性，解不唯一无法识别时，应考虑通过其他试验方法确定某一个参数，使参数具有相应的物理意义。

（3）数学模型的参数识别的方法。

数学模型的参数识别方法包括传统的优化方法以及不确定性的参数识别方法。

优化方法需要确定目标函数，如某些点的观测值与模拟值差的平方和，以衡量模拟效果的优劣；优化方法还需要确定所采用的方法，包括梯度方法、单纯形法、线性规划方法。近年来，针对非线性优化问题，提出了基于随机搜索的优化方法，如遗传算法、模拟退火算法。已有传统优化方法与随机搜索方法相结合的优化方法，如 SCE-UA 方法、MCMC 方法等，其在实践中均取得了较好的效果。

如果采用不确定性方法，则需要确定不确定分析的种类，目前主要有概率统计方法、模糊数学方法和灰色理论方法等，以概率统计方法的应用最为普遍。以区域灵敏度分析（RSA）方法、最大似然方法（GLUE）方法等为代表的方法，不需要对模型的形式有更多的假设，简便灵活，在实践中有大量的应用。目前，不确定性分析方法大多建立在随机采样的基础上，因此提高随机采样的效率和代表性，便成为基于随机采样的不确定性分析的关键。

由于不确定性分析方法在处理数据稀疏性、数学模型参数相关性问题上所具有的较强能力，近年来，不确定性分析方法在数学模型参数识别上的应用日益广泛。

（4）数学模型的检验和应用。

通过优化方法，能够确定最优的参数，或者通过不确定法识别不确定的参数，能够获取数学模型参数分布的特点。需要采用独立的数据进行数学模型的检验。

数学模型的检验在数学模型应用中的意义有不少争论。虽然数学模型的检验不能证明数学模型本身的正确性，并且检验不成功的原因也有多方面，如环境数据不足、存在较大的误差等都能影响检验的效果，但对数学模型的检验应该抱着一种理性的态度。

经过广泛使用的数学模型，或者经常使用的生化过程，对其参数的性质有较多的了解，而实际数据具有很大的不确定性，数学模型的检验不是必需的。考虑规划的意义，在确定这些参数时，应该尽量从安全的角度出发，参数要取得尽量保守，某些系数不宜取太大的值。

如果数学模型刚刚建立，或者存在一些较少使用的响应关系，或者所建立的数学模型是经验模型（如回归模型），这时数学模型的检验是完全有必要的。数学模型的检验能够在一定程度上保证数学模型在外推使用时的可靠性。

5. 湖泊营养物容量校核

湖泊营养物容量校核是湖泊营养物容量计算的一个重要环节。在水环境容量模型计算的基础上，结合流域规划、上下游关系、水质评价和污染源调查结果、混合区范围等因素，进行合理性分析，分析可利用的营养物容量，最终核定湖泊营养物容量。对计算的营养物容量结果进行校核，可以尽量减少数据检测过程以及模型计算中的误差，使得计算结果尽量准确合理。常用的湖泊营养物容量校核方法有水资源量校核法、提高功能区校核法和超标水域分析法。

（1）水资源量校核法。

水资源量校核法是一种比较常见、操作简单且易于理解的湖泊营养物容量计算结果校核方法。该方法对比各个湖段水系水资源量和湖泊营养物容量计算结果，若各湖段的水资源量与湖泊营养物容量之比结果差距较大，则说明在湖泊营养物容量的计算过程中出现了差错，需使用统计分析的方法重新订正异常比值湖段的容量计算结果，对这些湖段的计算过程进行仔细分析。将结果订正之后继续使用该方法，即仍将各个湖段水系水资源量和湖泊营养物容量计算结果进行对比，直到各湖段的比值相差不多为止（图 10-4）。

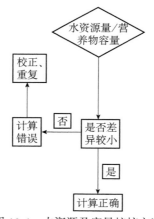

图 10-4　水资源及容量校核方法

该方法的另一种形式为将同一水系各个湖区（地市）的计算条件连在一起进行计算，比较总体结果与各段结果的差距。将各段计算结果加总，与总体结果进行对比分析，根据对比分析结果使用统计分析的方法重新订正湖泊营养物容量的计算结果，使之尽量精确、合理化。

（2）提高功能区校核法。

不同功能区类别的水域，其营养物容量计算结果是不同的。功能区类别越高的水域，其营养物容量值应越低才能保证该功能区类别下的水质达到功能区要求的标准。在应用模型计算湖泊营养物容量时，部分参数往往都具有不确定性，为了提高容量结果的安全性，建议部分湖段采用提高功能区类别的方法进行核算，以作为确定安全系数的参考值，此即提高功能区校核法。

该校核方法即将部分重点湖段的功能区类别适当提高，在此基础上，按照前面的计算方法，重新计算这些湖段的湖泊营养物容量值，以提高营养物容量计算结果的准确性，使营养物容量计算结果更具有说服力。

（3）超标水域分析法。

湖泊营养物容量核算的另外一种方法为超标水域分析法。该方法针对某一湖段，对其水质超标部分进行深入分析研究。具体做法为在不同水域，分别应用零维、一维和二维模型水质，分析功能区内水域水质达标长度比例（或达标面积比例），根据各地区情况和确定的达标水域范围，分析容量结果的合理性。

10.2.2 湖泊水环境承载力计算

水环境承载力评价的实质是对承载力概念的一个量化过程，通过运用不同的方法将承载力量化为一个水环境承载力综合指数，通过分析这一指数所表示的意义实现对水环境承载力的评价。虽然不同的量化方法原理不同，但其量化过程都是通过一系列具有可获得性或可计算性的指标或因子作为桥梁，运用不同计算方法和模型软件模拟得到承载力指数。

1. 水环境承载力的概念

"承载力"一词源自物理力学中的一个物理量，指物体在不产生任何破坏时所能承受的最大负荷。生态学领域研究最早提出生态承载力概念，其含义是在一定环境条件下某种生活个体存活的最大数量。但由于人类过快的发展，人类对环境的破坏和污染不断增大，环境对人类的支持也存在一个最大量的问题，因此承载力逐渐被人们引用到环境科学领域，再分化成大气、水、土壤等各承载力的分支。

水环境承载力的定义目前还没有统一的说法，但综合目前学者所做的研究可以把水环境承载力大致分为两类：广义水环境承载力与狭义水环境承载力。广义水环境承载力指在某生产力水平下，某一区域水环境对人类活动的最大支持能力；狭义水环境承载力等同于水环境容量、水环境容许污染负荷量等，即在一定水域，其水体能够被继续使用并仍保持良好生态系统时，所能够容纳污水及污染物的最大能力。两个概念虽有一定的差别但均建立在水环境纳污能力的基础上，只是广义水环境承载力在纳污能力的基础上又直接联系了人类活动。由此可见，可将水环境承载力定义为在某一特定的生产力状况和满足特定环境目标下以及区域水体能够自我维持自我调节并可以可持续地发挥作用的前提下所能支撑的人口、经济及社会可持续发展的最大能力。

水环境承载力的媒介是水资源（包括水量和水质）。

水环境承载力的载体是污染物质的负荷以及经济社会发展水平。具体来说，水环境容量研究水环境对污染物质的承载力，根据水环境容量进一步得到水环境对经济社会发展水平的支撑能力。因此，研究水环境承载力应该抓住主要因素，忽略次要因素才能对该问题有更深入、更细致的理解。具体来说，就是应该对水环境承载力进行量化。

研究湖泊水环境承载力的前提是生态环境保持良好健康发展。对于湖泊来说，要保证生态环境良好，必须保证湖泊一定的生态需水量。因此，必须在湖泊满足水环境容量的前提下研究湖泊的水环境承载力。

2. 水环境承载力影响因素

1）水环境质量标准

水环境质量标准是由政府相关部门所定义的水环境保护技术法规，制定标准的目的是保护人群健康，维护生态平衡。因此，不同的经济社会发展阶段和生活质量水平，制定的标准也不相同。一般情况下区域水体执行的标准不同，其容纳污染物能力的大小也就不同，其承载能力也会因水体执行的标准不同而发生变化。因此在确定水环境承载力时，必须以相应的环境质量标准为依据。

2）水环境容量

水环境容量的表征是环境科学的基础理论之一，也是环境管理中重要的实际应用问题。在实践中，环境容量是环境目标管理中的基本依据，是环境规划的主要约束条件，也是污染物总量控制的关键技术支持。水环境容量反映了水环境在自我维持、自我调节的能力和水环境功能可持续正常发挥条件下，水环境所能容纳污染物的量。水环境容量的差异直接导致水环境承载力的不同。

3）水环境自净能力

水环境自净能力是指水体接纳污染物之后，水环境物理的、化学的、物理化学的、生物化学的各种因素，使得污染物在水环境中能被迁移、扩散、分解、沉降，或转化，使水体的水质部分甚至完全恢复到原来状态的能力。水环境的这种自净能力是水环境具有自我维持、自我调节、抵抗各种压力与扰动能力的根本所在，也是水环境具有弹性的内在原因。

4）人类的生产方式

人类对水资源开发利用方式及其效率，以及和污染物排放有关的生产工艺、水污染处理、环境保护措施等，直接影响生产生活对水环境的作用强度。单位水资源的利用，或单位污染物的排放，可能产生不同数量或质量的工农业产品，因而创造不同的经济社会价值。所以人类不同的生产方式对水环境承载力大小造成影响。

3. 湖泊水环境承载力评估指标体系

湖泊水环境承载力是湖泊水质对与其相关的资源、环境、生态及经济社会的压力的承受能力，其大小可称为承载度。湖泊水环境承载度的高低与其组成要素均有关联，组成要素的状态及发展趋势的好坏主要取决于人类活动的生产方式、经济社会发展模式和水环境管理与保护的水平。基于压力-状态-响应的湖泊水环境系统的关系，研究中所选取评价指标如表 10-1 所示。

表 10-1　水环境承载力指标体系

一级指标	一级指标说明	二级指标	二级指标说明
人口	反映经济社会发展的相应阶段、人口数量及生活水平等状况	人口总数	人口总数与经济社会发展有直接关系，由出生率、死亡率等参数决定
		城镇化率	城镇人口占总人口的比例，用于反映人口向城镇聚集的过程和聚集程度
经济	反映经济社会发展的相应阶段，湖泊流域内经济发展的结构、规模	工业总产值	反映区域工业发展水平与规模
		农业总产值	反映区域农业发展水平与规模
水资源	反映以湖泊流域水资源自然赋存条件为基础的水资源开发、利用程度、水源工程的供水能力、可利用水量、可供水量、实际水量等之间的比例关系	水量供需比	反映维持湖泊水生态安全的基本条件
		工业万元 GDP 用水量	反映工业发展的宏观用水水平和用水效率情况
水质	反映湖泊流域各行业经济生产和社会生活的水污染物排放情况，对水环境容量的利用程度	COD 入湖量与允许入湖量之比	反映湖泊水环境质量水平
		氨氮入湖量与允许入湖量之比	
		TN 入湖量与允许入湖量之比	
		TP 入湖量与允许入湖量之比	

4. 水环境承载力估算方法

本书从湖泊水环境承载力的承载媒介（水资源量和水环境质量）入手，以湖泊水环境承载力的承载对象（人口、污染物质、水生态、人类活动等）为基础建立了湖泊水环境承载力指标体系，并以系统动力学为手段，建立了水环境承载力的资源-环境-社会-经济-人口耦合的系统动力学模型，为研究以承载力为约束的总量控制技术奠定了基础。

1）湖泊水环境承载力评估方法流程

结合与承载力相关的各类因素综合考虑湖泊水力学、生态学，将水环境承载力系统分解为人口、经济、水资源、水质四个一级指标，建立起量化水环境承载力综合评价方法指标体系，运用层次分析法判断矩阵求得各类指标（一级、二级指标）的权重，根据所设定的几类不同的情景，运用系统动力学综合考虑情景中的各个变量内部关系计算出不同情景的各类指标数值，然后依据所得出的权重运用向量模法即可得出各类情景下的承载力指数，通过对比即可得出相对最佳情景。

根据系统动力学建模步骤，运用 STELLA 软件建立湖泊流域水环境承载力系统动力学模型。步骤如下。

（1）系统分析。进行系统分析的主要目的是明确建模目的，划定系统边界，并确定系统的输入和输出。本书以湖泊流域为一个系统，水资源的供给和需求为子模块，子模块有机耦合构成完整的流域系统。

（2）反馈结构分析。划分系统层次，分析系统内部子系统之间以及子系统内部的反馈机制。本书针对湖泊流域水资源缺乏的根本问题，以反映缺水程度的水资源供需比为出发点，将水资源供给和水资源需求分别划分为一级子模块。再根据流域社会发展现状，将需水子模块进一步划分为工业、农业、生活和生态需水子系统；供水子模块划分为地下、地表、降水及回用水资源子系统。根据子系统内部各要素间的因果关联，建立各子系统的系统动力学模型；然后根据各子系统间的相互关系，建立整个湖泊流域的系统动力学模型。

（3）确定系统流图，建立 SD 方程式并输入参数。系统流图是整个系统的核心部分，它形象地反映出系统内部各要素及子系统间的相互关系，通过建立定量关系式进一步量化，赋予常量、状态变量初始值和表函数，使系统内部的作用机制更加明了，各湖泊流域水环境承载力在 STELLA 软件系统动力学模型中所对应的模型程序不相同，在各湖泊承载力计算时会提出。

（4）模型评估。以过去某一时间点为基准，进行模型模拟，检验其输出结果与实际情况的匹配程度，并据此对模型参数进行修正。模型经检验，并进行仿真和修正后，在结构适合性、行为适合性、结构与实际系统一致性、行为与实际系统一致性方面均符合要求。

（5）设计情景，进行仿真模拟与结果分析。

2）湖泊水环境承载力评估技术路线

按照上述方法流程，具体技术路线为建立承载力量化指标体系—AHP 层次分析法确定各指标权重—系统动力学模型预测指标值—向量模法计算承载力指数（图 10-5）。

综合考虑湖泊生态、人文因素，建立起量化水环境承载力的方法指标体系，运用 AHP 层次分析法确定各评价指标对承载力指数的相对权重，借助系统动力学模型分析水环境承载力各要素的内涵特征和相互关系，揭示水环境可持续承载的机制和条件，预测出各个情景的各指标值，之后运用向量模法将已经算出的权重值加权平均即可得到水环境承载力指数，通过比较即可得出流域污染控制区最优经济发展模式的最佳情景。

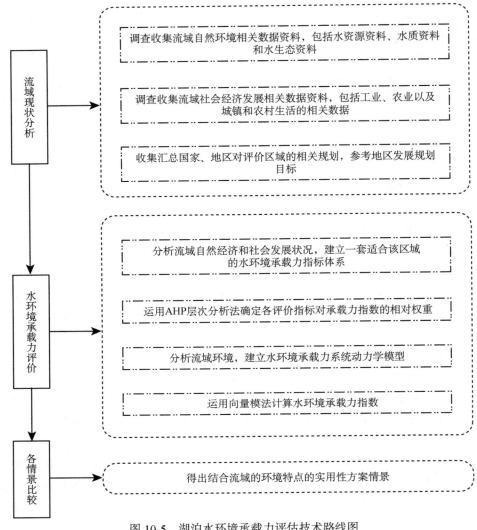

图 10-5 湖泊水环境承载力评估技术路线图

10.3 湖泊营养物削减阶段性目标确定

10.3.1 总量控制目标制定流程

从湖泊水体出发，把允许排放的氮磷营养物总量控制在受纳湖泊给定功能所确定的水质标准范围内，基于受纳水体中的污染物不超过湖泊富营养化控制标准所允许的排放限额。容量总量控制是从湖泊营养物环境容量出发，适用于确定总量控制的最终目标，也可作为总量控制阶段性目标可达性分析的依据，对于水质较好、污染源治理技术经济条件较强、管理水平较高的湖泊流域，容量总量控制法可直接作为现实可行的总量控制技术路线加以推行。

总量控制计划的目标是通过污染控制行动，确保在一定时间内完全恢复流域的生态功能。该计划确定每年入湖总氮负荷、总磷负荷和沉积物负荷，为流域内受到营养物质和沉积物污染的每个支流明确负荷控制量；为流域内每个省区市分配污染负荷。根据水体的物理、化学和生物学特性，并结合行政区划，将流域分成若干个子流域，对每个分区或子流域都明确污染负荷控制。

按照湖泊问题识别—选择湖泊富营养化控制标准并确定指标值—评价污染源并估算污染负荷容量—污染负荷分配—后续监测和评估执行总量控制计划。

1. 问题识别

识别湖泊水体污染的主要问题和原因，以及污染的性质和程度，为计划的制定提供足够的信息，对研究总量控制计划的其他组成部分起到了导向性作用。在收集监测数据的同时，集成数据分析方法和污染控制措施、技术等数据和信息，建立湖泊水体的基础数据库。问题的识别应主要考虑以下几个问题。

1）湖泊水体功能的识别及污染物对其功能产生的影响

制定和实施总量控制计划的目的就是使目标湖泊水体达到相应的富营养化控制标准，从而保证水体的设定功能。所以总量控制的制定者应当识别那些影响水体功能的污染因素。对于不同的污染原因，相应的总量控制计划也不尽相同，要区别对待。

2）污染因子的主要来源对湖泊水质的影响

识别污染排放的发生及进入湖泊水体的途径和方式对确定污染因子的来源具有重要作用。当污染物导致富营养化时，还需要对沉淀物的循环、地表水污染源及大气沉降污染源做出量化评估，并初步确定需要控制的污染因子。

3）不确定性因素及安全临界值

不确定性因素对湖泊水质的影响是不可忽略的，如非点源污染，这种情况下，为了不影响其对总量控制计划的制定和实施，就必须对这种不确定性进行合理分析。针对这种不确定性因素，美国环境保护署提倡使用定相方法来制定总量控制计划。定相方法以最容易获取的数据和信息为基础，计算出点源和非点源之间的负荷分配数量。为了降低不确定性的影响，有时需要对水体进行额外监测，以搜集需要的数据。

解决不确定性因素影响的另一个办法是增加安全临界值。安全临界值是总量控制计划中不可缺少的内容，它的主要作用是构建不确定性因素与目标水体之间的联系。同时使用合适的预测模型，不确定性分析的结果可作为一个影响因子，用以安全临界值的计算。安全临界值通常有两种计算方法：第一，通过对负荷或水质相应的保守性假设来计算；第二，预留出一定比例的可分配负荷不参与负荷分配，而将其作为安全临界值。

4）季节变化的影响

总量控制计划必须考虑季节变化对污染物排放速率、水流量和水体功能的影响。在不同的时间范围内，点源和非点源排放强度不同，而且植物生长也随着季节的改变而变化，因此，考虑季节变化对河流营养物质削减的总量控制计划是非常重要的。例如，浮游植物在春季的温和型湖泊中会大量繁殖，而在冬季的少光、低温条件下，藻类的生长大大减少，甚至可以忽略，然而随着春季光照的增强，藻类又开始加速生长。因此，用于建立总量控制计划的指标可能随季节或时间而改变。

2. 水质指标和富营养化控制目标值的确定

根据科学性、技术可行性和经济合理性的原则，识别可量化或可测量的指标并依据相关标准，确定水质指标的标准值，用于评价清单所列水体水质标准的可达性。在总量控制计划中，一般都选用可量化的污染物指标（数值指标），在无法量化，即无数值指标的情况下，总量控制计划则建立特定的参数，用叙述性指标对特定用途的水体进行水质受损程度的描述。有很多方法可以确定水质指标值，但应该考虑水质标准、数据的可获得性和对水体的熟悉程度作为方法选择的依据。

1）指标选择的影响因素

对指标选择的影响包括科学性、技术可行性和管理可操作性等因素，不同水体指标的重要程度也不相同。这些指标取决于建立总量控制计划需要的时间和资源、已有数据的完整性和水体用途。

选择对源敏感的指标应利用现有的方法很好地建立营养物质浓度和水质之间的响应关系。同时，选择的指标应该易于监测、费用低，并易于取样、分析和储存。另外，应尽量选择具有较多现状监测值的指标和公众易于理解及接受的指标。

2）水质标准的确定

水质标准包含四个基本要素：指定用途、具体水质标准、反退化措施、一般性规定。指定用途是指政府对于各个水体的目标和期望；水质标准是数值化的，代表了一个水体的质量。只有当水质到达标准，水体的指定用途才能实现。

水体指定用途主要包括以下几个方面：水生生物用水、饮用水的供应、娱乐和景观用水、工业用水和农业用水等。每个流域应根据自身情况合理确定流域水体的指定用途，并根据水生生物的需求和当地实际状况，制定相应水体的水质指标标准，如氮、磷、溶解氧、叶绿素 a、水体透明度、藻类生物量和水生植物密度等。

3）富营养化控制目标确定

有很多方法可以确定水质指标的目标值，从技术上讲，确定目标值应充分考虑湖泊富营养化控制标准、可提供的数据和对系统的熟知程度。估算水质指标值的方法有：

（1）对比参考点。通过对比参考点确定水质指标值，一般有两种对比方式：收集富营养化的水体资料，然后从相似的没有受污染或受污染程度最小点收集资料作对比；从当前受污染点收集资料和这一点在没有受污染以前的资料作对比，利用这些参考点的条件可能推算出总量控制计划中指标的标准。然而这种方法的缺点在于有时不能完全反映真实情况。

（2）对照现存的分类系统。Vollenweider 和 Kerekes（1980）通过对美国北部湖泊的观察、实验、利用模型估算出这样的分类系统，这个系统通过利用不同指标把湖泊富营养化程度加以区分。虽然实际水体的条件与参照系统的条件不尽相同，但是选择指标值时，可供参考。

（3）利用参考值和职业人员的判断。在判断水体指标值时，判断者的职业对于指标值的准确程度具有重要意义。然而以上这些方法并非孤立，可以联合使用。

3. 源评价

通常，入湖的氮磷和沉积物来自流域内的各个领域的许多方面，系统地识别并量化这些污染源是流域综合治理的基础。应组织开展系统的调查、监测和分析，初步识别并理清流域的氮磷和沉积物污染的来源。这些污染物来源可分为点源和非点源两大类。

第一类污染源，点源：市政污水处理厂排水；工业废水处理设施排水；雨污合流制系统溢流；分流制系统污水排放；集约化畜禽养殖业排污。

第二类污染源，非点源：农业污染物；林业污染物；自由雨水径流；原位处理系统的排放；大气沉降。

利用现场调查、监测数据、卫星影像、研究报告等手段调查对湖泊水体产生影响的污染源并列出污染源清单，进行污染物的迁移转化规律研究。列出污染源清单后，利用监测、统计分析、模型模拟等方法进行营养物负荷量分析与评价。在进行源评价时应考虑以下几个方面：污染源类型的识别（点源、非点源、背景值、大气污染等）；污染源的位置和污染物负荷排放量；迁移转化机制（径流、渗滤等）；污染物进入水体的时间尺度和效应。

1）污染源及污染物迁移转化规律

根据土地利用图、航空像片、土地调查和排污许可等信息来源，借助一定的技术手段，对流域内的污染源进行分组和分类管理并建立污染源清单，进而建立污染源信息数据库，对每种营养物质的产生机理、迁移转化和产生量进行研究，包括迁移机制识别（大气沉降、侵蚀、融雪和地下水等）、负荷可变性（稳态、与降水和融雪相关性、季节变化）和生化物理过程（吸附、硝化和反硝化）。

2）污染源分类

根据污染物的迁移机制、污染源的类型及与水体的相对位置、管理体制、流域的物理特征等对污染源进行分类管理。

3）负荷估算的技术方法

（1）实测法。利用流域水文站的实测水文、污染物浓度数据建立流量和污染物浓度的回归方程，根据实测的流量估算流域营养物质负荷量。该方法的优点是方便、快捷、费用低，但是，该方法无法识别污染物的来源，也无法进行流域外的负荷估算。

（2）模型法。在制定总量控制计划中，模型是应用最多的评价污染物负荷的方法，这些模型根据时间尺度、复杂程度等因素可分为不同的类型。

4. 污染负荷容量的估算

首先，要确定污染物与纳污水体水质之间的响应关系，这种关系可能随着季节的变化而变化，尤其是非点源污染和多种因素有关。然后，对水体允许的纳污量进行估算。估算负荷量通常所选用的方法是稳定状态下的方程与模型相结合，模型要简单实用且技术上可行，成本合理。

1）建立源与目标之间的响应关系

综合考虑选择的水质指标、监测数据和水体的水力学特征等因素，应用专业判断、模型等方法建立污染物来源和水质指标之间的输入-响应关系，利用该关系推断水质达标时水体可接受的最大污染负荷量，同时确定安全临界值。

（1）浓度响应。

对于湖泊或水库而言，利用实测数据，建立污染物负荷或浓度与藻类生长之间的相关关系。

（2）数学模型。

当无法利用浓度响应建立源与目标之间的响应关系时，利用合适的数学模型，根据由简单到复杂的原则，在满足模拟要求的情况下，尽量选用简单、费用低、公众易于接受的模型方法建立响应关系。

2）允许纳污量

估算负荷量通常所选用的方法是稳定状态下的方程与模型相结合，模型要简单实用且技术上可行，经济上合理。

5. 污染负荷分配

根据已确定出允许排放总量再利用总量控制的分配方法，并且以经济能力、环境效益等为约束条件，将污染物负荷不均等地分配到各个污染源。依据的方法为

$$TMDL = \sum WLA_s + \sum LA_s + MOS \qquad (10\text{-}13)$$

式中，TMDL 为最大日负荷总量；WLA 为现存和未来点源的污染负荷；LA 为允许的现存和未来非点源的污染负荷；MOS 为安全临界值。

1）确定安全临界值

安全临界值的确定是总量控制计划的一部分，主要是要科学地考虑自然系统水质的许多不确定性因素，并将总量合理地分配到源，这为水质目标的实现提供了保证，消除了污染物质负荷与受纳水体水质之间关系的不确定性。

由于天然水体存在很多不确定性，尤其是不能得到每个污染源的准确污染负荷总量以及这些污染物对该自然水体化学和生物性质的特殊影响，因此要充分将不确定性因素考虑到总量控制中，从而要建立安全临界值（MOS）。安全临界值的确定有两种方法：一种是通过假设分析提供一个不确定的数量比例关系；另一种是直接从水体污染负荷中除去一定明确数量的污染负荷，一般是通过假设分析提供这种不确定关系。

2）分配方案评估

综合考虑污染物负荷量、管理水平、可行性和控制费用等因素，根据最大允许纳污量对流域内的点源和非点源分别进行削减，以使水质能够达到相应的水质标准，在负荷分配

中，要考虑以下因素。

（1）替代方案评估。

对于由降水为驱动因子的非点源污染物来说，应重点考虑其排放的季节性和年度差异性，对每一种分配及其替代方案，利用源与目标的相应关系进行效率评估，随着分配方案的进一步完善，必要时要对目标值及其与源的输入响应关系进行适宜性评价，确保其科学性和合理性。

（2）合理分配点源和非点源。

在研究点源和非点源对水体造成污染的贡献率基础上，结合各污染源排放污染物的特征差异，合理对点源和非点源负荷削减率进行分配。

3）实施保障

推行点源污染物排放的许可证制度，对点源污染物排放进行流量、负荷、浓度和排放强度限制，流量限制是以控制技术为基础，保护水体水质达标的底线，在总量控制计划中，对点源的流量限制应更为严格。

通过激励政策，建立基于最佳管理措施（BMPs）的非点源污染控制，在总量控制计划中，要确保非点源污染控制措施得以实施，同时建立监测计划，对非点源污染物的削减进行有效监督。水质达标的时间一般在 10 年之内，如果可行，在执行计划五年后，径流控制计划应付诸实践。

6. 跟踪监测和评估

为了分析评价总量控制计划执行的效果。完整的总量控制计划还应包括一个详细的监测计划。尤其是对于含有不确定性因素的计划，就需要更加严格地制定监测计划，以便提供充分的数据来及时修改和完善总量控制计划。跟踪监测和评估是评价总量控制计划实施后水质能否达标的重要环节，也是评估总量控制计划可行性和有效性的关键。

以地方环境保护部门为依托，成立专门的工作小组，对总量控制计划的执行过程进行监督。按照总量控制计划的进度，定期检查总量控制计划的完成情况，及时发现实施过程中的问题，分析产生问题的原因，并提出解决问题的办法。

7. 建立管理档案

在制定总量控制计划时，应建立流域水环境管理档案，这个档案里应包括实施总量控制所需的资料、科学与技术上的参考书、对公众评论的反映和支撑它的信息资料等内容。建立管理档案有利于公众和地方环境保护部门对总量控制计划进行监督和改进。

定期对监测资料和管理档案进行分析，评估总量控制计划执行的效果，确定总量控制计划的目标是否按期完成。未能按期完成总量控制计划目标时，要深入分析存在的主要问题及原因，从而有针对性地采取更加严格的管理措施或者对总量控制计划进行合理修订。

10.3.2　不同阶段排放量预测

1. 预测因素确定

影响未来污染物生产和排放量以及环境质量和生态系统变化的六大基本因素中，人口、经济以及能源和资源消费为环境压力因素，而产业和产品结构、技术进步和治理能力为环境影响因素。其中，人口和经济因素基本属于客观因素，即未来经济和人口，特别是城镇人口的增长趋势几乎已成定局；单位 GDP 或单位产品的能源和资源消耗量降低、产业和产品结构调整、技术进步以及环境污染综合治理能力的提高应该说也是必然趋势，但与经济和人口因素相比，这四个因素存在更大的不可预见性，也给预测结果带来更大的不确定性。

（1）人口：人口的变化，主要是城镇人口数量的变化会导致消费数量和种类的改变，根据人口模型的预测结果，城镇人口将随城镇化率的提高而迅速提高，是影响未来污染物排放量和环境质量的重要因素。

（2）经济：经济总量是影响污染物排放量和环境质量的最直接因素，根据经济模型的预测结果，未来经济总量将快速增长。如果不考虑技术的治理水平提高因素，资源开发利用量和种类以及污染物产生和排放量必然随经济总量的增长而大幅增加，环境质量也必然急剧恶化；但经济发展必然会带动技术水平和治理水平的提高，从而降低污染物的产生排放量，并使环境质量出现好转。

（3）能源和资源消费：能源消费量和结构直接影响大气污染物的产生量，而废水和固体废弃物的产生量主要与资源消费量有关。其中，能源消费数量和结构主要受经济、人口、技术和环境资源因素四方面的作用，其中，经济发展和人口增长必然带动能源消费的增长；技术因素是降低能源和资源消费量的主动因素，环境资源因素则是抑制能源和资源消费量增加、带动能源消费结构变化的被动因素，未来的能源消费结构变化趋势是不可再生能源的消费比例逐渐降低，可再生能源的消费比例逐渐提高。

（4）产业和产品结构：产业和产品结构是经济模型的一部分，模型中产业和产品结构的总体调整方向是从高耗能、高污染行业向低耗能、低污染行业转变，通过产业和产品结构调整减少能源和资源的消费量以及污染物的产生量。

（5）技术进步：技术进步是降低能源、资源消费量和污染物产生量的直接手段之一。

（6）治理能力：提高环境污染治理能力是减少污染物排放量、改善环境质量以及增强生态建设与恢复技术和能力的有效手段之一，在预测中利用污染物处理率或削减率作为表征治理能力的主要指标。

除上述六个基本因素外，政策、法律、体制、教育等因素都会对未来经济发展以及环境质量和生态系统状况产生较大的影响，为了简化预测难度，我们仅考虑以上六种易于量化的基本因素，其他因素未予考虑。

2. 系统动力学模型构建

1）系统动力学定义及发展史

系统动力学（system dynamics，SD）是一门探索如何认识和解决系统问题的交叉性、综合性的学科，是一门分析、研究不同子系统之间关系的复杂学科。它利用系统复杂的动态反馈性分析 SD 模型的结构和功能，解决研究区的系统问题，并可以对未来的发展趋势进行仿真预测，因此也被称为"战略与策略实验室"。

系统动力学经历了三个重要阶段，依次是起步奠基阶段、成熟发展阶段和广泛应用阶段。系统动力学诞生于 1956 年，其创始人为麻省理工学院（MIT）的福瑞斯特教授。1961 年出版的《工业动力学》是系统动力学理论与方法的经典论著，此学科早期的称呼——"工业动力学"也因此而得名。第二阶段的标志性成果是系统动力学世界模型与美国国家模型的研究，主要成就有 WORL Ⅱ 模型及以此为基础的《世界动力学》、WORLD Ⅲ 模型及以此为基础的《增长的极限》和《趋向全球的平衡》。其中，《增长的极限》被西方称为"20 世纪 70 年代的爆炸性杰作"，它主要考虑了人口增长、资源消耗、环境污染等重要的全球性因素，并构建全球分析模型。20 世纪 90 年代开始，SD 模型被广泛地应用于各种行业，几乎遍及各类系统，深入各种领域。

2）系统动力学在污染物排放量预测中的应用

系统动力学主要研究的是开放的系统，它强调系统的联系、发展、变化，认为系统的特性主要与系统内部的动态结构和关系反馈相关。系统动力学不仅考虑了大系统、非线性，还注重考虑人的作用。

湖泊水环境是一个复杂的系统，同时湖泊容量水环境承载力研究就是从微观状态出发分析子系统各层次内部关系变化，从而分析各层次与子系统之间、各子系统内部的协调关系，最终评价宏观的水资源系统对经济社会发展的可承载度，而系统动力学恰好是架起宏观和微观数量关系的一种数学模型方法。

通过系统动力学建立符合实际情况的因果链及反馈环，追踪水环境的动态信息，对水环境系统及其所支持的经济发展这两者之间的关系进行定量研究。它可以通过计算机仿真模拟，逐时段地展现出水环境系统多变量之间相互作用、相互影响的动态行为，模拟未来标准应用实施后的结果，从而对水环境与经济发展相互关系的未来趋势进行预测评估。在实际应用中，对不同的发展方案采用系统动力学模型进行模拟，并对部分变量进行预测，将这些变量视为湖泊富营养化控制指标体系，运用综合评价方法进行比较，得到最佳的标准应用方案。

3）系统动力学建模步骤

（1）明确问题。

在对研究区进行调研、了解研究区的整体概况后，分析子系统之间存在的问题，即各子系统之间通过相互作用和相互制约而产生的矛盾，以及由此给整个系统带来的影响，进而明确建模目的。

（2）确定系统边界。

在明确建模目的后，根据基础资料进行梳理，合理选定评价指标。这里需要注意的是，评价指标并不是越多越好，因为无关的变量会影响系统的精确度，同时还会掩盖主要变量对模型的影响，所以对于与所需解决问题无关紧要的变量可不予考虑。

（3）绘图。

这一过程中可以使用系统边界图、子系统图、因果回路图、存量流量图等，系统内的反馈机制与变量之间的逻辑关系会表现得更加清晰。

（4）写方程。

确定参数、表达式和初始值，其中包括状态方程、速率方程、辅助方程、常数方程、初值方程等。

（5）测试。

系统的测试过程大致分为三步：第一，为了排查机制上的错误而进行的测试，即模型结构检验；第二，为了识别模型中较为隐秘的缺陷而进行的测试，即模型历史检验；第三，为了检验模型与过程中的参考行为模式是否相互吻合而进行的测试，即模型灵敏度检验。

（6）政策设计与评估。

通过改变模型结构和调控参数等形式可设计不同的方案，然后得到不同的仿真结果。分析结果并进行对比，找出能够解决系统问题的最佳方案，进而为决策者提供建设性的策略和建议。

4）系统构建原则

在评估研究区资源环境承载力的时候，需要考虑的因素繁多，并且因素之间的关系复杂，所以为了有效、准确地表达这样复杂的系统，评价指标的体系构建必须遵循以下规则。

（1）整体性原则。

本书主要从资源、经济、环境、社会四个方面来预测湖泊流域污染物排放量，为了准确地得到分析结果，选择建模的评价指标应该具备代表性、综合性、全面性。

（2）逻辑性原则。

箭头两端的变量在实际意义上要具有逻辑关系，使其最终可以形成一个"牵一发而动全身"的整体。可应用分析工具栏里的 Causes tree 和 Uses tree 检查系统变量间的逻辑性。

（3）简单性原则。

建模过程中选取的指标并不是越多越好，这是由于其他不相关的指标会影响和干预最终的结果分析。所以，系统变量的选取除了要切合研究区实际发展的情况外，还要突出研究主题，使人一目了然。

（4）因地制宜性原则。

体现资源环境承载力的指标除了要选取具有共性的指标外，还要依据研究区特征因地制宜地选取能够代表此地区面貌的特色指标。例如，近些年滇池旅游业发达，每年旅游人口均上亿，带来的污染物排放量不容小觑，因此在模型构建过程中除了共性指标外还应对旅游人口污染物排放情况进行分析。

（5）动态性原则。

依据系统动力学理论，动态性是指评价指标的数值会随着时间的变化而变化。

5）代表性评价指标选取依据

系统构建过程中分别从资源、经济、环境、社会子系统中选取能够代表各子系统资源环境承载力的代表性评价指标。

6）污染源解析方法

污染物来源主要包括点源、面源、水土流失等。点源主要包括城镇生活、旅游污染、工业污染等；面源主要包括农村生活、畜禽粪尿及农业种植等。排污系数法是计算污染物产生量的重要解析方法，适用于城镇生活、旅游、工业、农田排水、农村生活、农村垃圾及畜禽粪尿等污染源的污染物产生量，见式（10-14）：

$$A = \sum_{i=1}^{n} k_i \cdot A_i \tag{10-14}$$

式中，A 为污染物产生总量，t/a；A_i 为人口数、畜禽养殖量、水产品量、主要工业产品产量、耕地面积等；k_i 为 i 污染源的排污系数；n 为污染源个数。

对于流域污染物排放量和入湖量，要综合考虑污染物降解系数、流失系数等种种因素的影响，也要考虑一些人为措施对污染物的削减，如污水处理厂等。不同污染源考虑因素不同，因此污染物排放量计算也不相同。

（1）对于经过污水处理厂处理的污染源，如城镇生活、旅游污染、畜禽养殖、工业污染等，要考虑污水处理率、污水处理厂排放标准、中水回用率等因素。其中，经过处理的部分采用污水处理厂排放浓度法计算，不经过处理的部分仍采用排污系数法计算，见式（10-15）：

$$W = A \times a_{用} \times a_{排} \times a_{处} \times (1 - a_{回}) \times m_{出} \times t + A \times (1 - a_{处}) \times k \times t \tag{10-15}$$

式中，W 为污染物排放量，t/a；A 为人口数、畜禽养殖量、水产品量、主要工业产品产量等；$a_{用}$ 为单位用水量系数；$a_{排}$ 为废水排放量系数；$a_{处}$ 为污水处理率；$a_{回}$ 为回用系数；$m_{出}$ 为污水处理厂出水浓度；k 为污染源的排污系数；t 为时间，d。

（2）对于农田肥料污染，可用式（10-16）计算：

$$Q = A \times a_{亩肥} \times \eta_{利用} \times \eta_{流失} \times t \tag{10-16}$$

式中，Q 为农田污染物排放量，t/a；A 为农业种植面积，亩（1 亩 $\approx 666.67\text{m}^2$）；$a_{亩肥}$ 为单位面积肥料施用量，g/亩；$\eta_{利用}$ 为肥料利用系数；$\eta_{流失}$ 为肥料流失系数；t 为时间，d。

通过对流域现状进行污染源解析可以分析出流域水质状况及存在的问题，在此基础上对流域未来的发展情况做出预测。同时，污染源解析可以分析出造成流域水环境恶化的主要污染源，找出未来发展中的污染源控制重点，将其作为规划制定过程中的主要控制对象，针对此采取控源措施，从而更好地实现规划的落地实施。

10.3.3　阶段性目标确定

基于分区制定分期的湖泊流域营养物削减目标，在湖泊水生态分类结果的基础上，根据各生态分区氮磷污染的成因、沉积过程和营养物内外负荷对营养状态的影响，综合考虑各分区经济社会发展所处的阶段及其营养物排放特征，分析不同时期的经济社会与生态环境需求改变，设计不同阶段湖泊营养物的最低排入水平和总体控制目标。

以湖泊水生态级别提升为基本目的，以富营养化分级标准为削减量制定的依据，以生态分区为控制单元制定阶段式营养物削减目标，为湖泊水生态状态和水质指标的改善设计科学的近期、中期和远期规划。

第 11 章　湖泊富营养化控制与生态修复适用性技术甄选

11.1　湖泊富营养化控制与生态修复技术评估方法

提供湖泊富营养化控制与生态修复技术的评估方法及展示对"十一五"以来水专项研究成果中的湖泊富营养化控制与生态修复治理技术的评估结果。

11.1.1　确定评估对象和范围

技术评估指标体系的建立首先要明确评估目标、评估对象和评估范围。评估对象和范围是以"十一五"以来水专项研究成果中的技术先进、经济可行、推广简便、可复制性强的湖泊富营养化控制与生态修复治理技术，以此构建成套关键技术的技术经济指标体系，建立评估方法（表 11-1 和表 11-2）。

表 11-1　源头污染、过程削减技术评估方法

准则层	准则层权重总分	要素层	要素层权重总分	评价层	评价层权重总分	得分计算方法
环境指标	0.4	污染减排（按削减指标平均）	0.4	COD 去除率/%	0.133	百分制·权重
				总磷去除率/%	0.133	百分制·权重
				总氮去除率/%	0.133	百分制·权重
技术指标	0.4	技术就绪度	0.2	1～10 级	0.2	百分制·权重
		技术适用性	0.2	通用	0.14	直接赋值
				部分适用	0.06	直接赋值
经济指标	0.2	创收效益价值	0.2	有	0.2	直接赋值
				无	0	直接赋值

表 11-2　生态修复类技术评估方法

准则层	准则层权重总分	要素层	要素层权重总分	评价层	评价层权重总分	得分计算方法
技术指标	0.3	技术就绪度	0.15	1～10 级	0.15	技术就绪度百分制
		技术适用性	0.15	通用	0.10	直接加权赋值
				部分适用	0.05	直接加权赋值

续表

准则层	准则层权重总分	要素层		要素层权重总分	评价层	评价层权重总分	得分计算方法
环境指标	0.5	湖滨缓冲带生态修复技术	水质指标	0.08	目标污染物去除率	0.08	百分制直接加权赋值
			生态指标	0.08	林草覆盖率	0.08	百分制直接加权赋值
			拦截净化功能	0.08	湖（库）滨自然岸线率	0.08	百分制直接加权赋值
		湖内生态修复与保护技术	水质指标	0.125	目标污染物去除率	0.125	百分制直接加权赋值
			生态指标	0.125	植被覆盖率	0.042	百分制直接加权赋值
					生物多样性指数	0.042	百分制直接加权赋值
					生态系统改善情况	0.042	百分制直接加权赋值
经济指标	0.2	创收效益价值		0.2	有	0.2	直接赋值
					无	0	直接赋值

11.1.2　指标筛选原则

指标体系角度：满足目的性原则、全面性原则、精炼性原则、层次性原则、可比性原则。
评估指标角度：满足科学性原则、可测性原则、独立性原则、稳定性原则。

11.1.3　指标数据采集

指标的数据采集范围为湖泊主题"十一五"以来的水专项技术，根据不同类别的技术，筛选出通用的技术指标和特定的技术指标，对与环境效益、经济效益、社会效益、技术性能相关的定性或定量评价指标数据进行收集整理，形成指标筛选优化基础数据库。

11.1.4　技术指标体系构建

根据湖泊富营养化治理需求，富营养化控制与生态修复关键技术综合性能会受环境要求、经济要求、技术要求等多种因素的影响，而每一种因素的影响需要通过多个指标或多级指标来衡量，因此采用层次分析法来构建指标体系结构。

1. 确定指标权重

权重是以某种数量形式对比、权衡被评价事物总体中诸因素相对重要程度的量值。技术评估体系各指标权重合理与否，直接关系评估结果的客观性、公正性、合理性。采用主成分分析法确定权重。

2. 评估结果表达

评估结果分两种形式来表达，分别为三维坐标表达式和雷达图表达式。应用三维坐标表达式来表示环境、经济和技术三个维度的最终评估结果；针对环境、经济、技术这三个维度内包含的每个评价指标在每个维度上的情况，采用雷达图表达式来表达。

11.2 湖泊富营养化控制与生态修复技术体系及技术库

对"十一五"以来水专项研发的湖泊富营养化控制与生态修复技术进行整理，依据技术成熟度等因素，按照综合调控、控源减排、生境改善、生态修复以及流域管理五个类别形成湖泊富营养化控制与生态修复的技术清单。

11.2.1 综合调控类

综合调控类技术清单见表 11-3。

表 11-3 综合调控类技术清单

技术类别	技术名称	技术编号	示范工程	关键词（3~5个）			适用范围	环境效益		目前技术就绪度	评估得分
								污染物削减	生物多样性改善		
水资源调控	湖泊生态系统调控与稳定维持技术	ZJ42411-01	Y	经典生物操纵	食物网优化	水质水量调控	有引水工程的富营养化浅水湖泊	叶绿素a、总磷分别削减10%、20%	水生生物多样性提高>20%	7	80.32
	流域水资源系统水质-水量时空优化调控关键技术	ZJ42510-02	0	供需平衡	数值模拟	预测	受纳水体水质目标的流域/区域水资源优化调度和配置			6	
	三峡水库流域分布式水循环、水环境模拟技术和三峡库区流域水质耦合模拟技术	ZJ42510-03	0	水环境模拟	水质耦合	分布式水循环模拟	香溪河流域和三峡库区			6	
	水质水量优化调度不确定性与复杂性定量分析和表征技术	ZJ42510-04	0	水质水量	优化调度	定量分析	三峡水量水质联合调度方案研究			6	
	三峡水库调度与水量、水质、水华响应关系分析技术	ZJ42510-05	0	水库调度	库区水质状况	响应关系	适用于三峡库区典型支流			6	
	三峡水库及下游水环境对水库群调度的响应模型及解算方法	ZJ42510-16	0				适用于流域生态环境综合观测，湖泊水华风险预警，流域综合管理			—	
	蓝藻暴发时的应急调水技术	ZJ42521-01	0	蓝藻暴发	调水时机	调水技术	适用于长江向巢湖应急调水			8	
	基于水动力条件下引排水技术	ZJ42522-01	0	生态调水	自流引排水	降低调水费用	适用于长江向巢湖调水			8	
	调水引流系统风险分析方法及方案风险评估及应急响应技术	ZJ42522-03	Y	调水引流	水质保障	水质改善	河网总量控制目标制定与小区域分配			8	

续表

技术类别	技术名称	技术编号	示范工程	关键词（3～5 个）			适用范围	环境效益		目前技术就绪度	评估得分
								污染物削减	生物多样性改善		
水资源调控	牛栏江补水的湖体水质改善关键技术	ZJ42522-04	1	高精度水环境模型	非永久性围隔	河道补水湖内水质改善	受纳水体水质目标的流域/区域水资源优化调度和配置			6	
	河湖一体化生态补水技术	ZJ42522-05	1	蓝藻膜过滤	湖水净化预处理	蓝藻资源化利用	用于对缺乏生态基流河道实施生态补水			6	
	多源补水时空优化调度技术	ZJ42522-06	1	多源补水	时空优化	调度	适用于入湖河道多源补水优化调度			8	
	区域经济社会结构、发展模式与水环境承载能力量化模拟技术	ZJ42510-08	0				区域经济社会结构、发展模式与水环境承载能力量化模拟			6	
土地资源调控											
产业结构调控	流域经济社会结构、发展速度与污染物排放量关系量化模拟技术	ZJ42510-07	0				洱海流域经济社会结构调整控污减排			7	
	流域产业结构调整优化技术	ZJ42530-09	0								

注："Y"代表有示范工程。下同。

11.2.2　控源减排类

控源减排类的技术清单见表 11-4。

表 11-4　控源减排类的技术清单

技术类别	技术名称	技术编号	技术来源	示范工程	适用范围	环境效益		技术就绪度
						污染物削减	生物多样性改善	
城镇生活源控制	缓冲带滞留型湿地与土地处理技术	ZJ42112-07	12103003	1	以农村生活污水为主的分散点源污染和以初期雨水为主的面源污染			7
	新型真空排水技术	ZJ21210-01		1				
	分散污水负压收集技术	ZJ21210-02		1				
	老城区滨河带适宜性真空截污技术							

续表

技术类别	技术名称	技术编号	技术来源	示范工程	适用范围	环境效益		技术就绪度
						污染物削减	生物多样性改善	
面源污染控制	基于总量削减-盈余回收-流失阻断的菜地氮磷污染综合控制技术	ZJ31440-01	12101004	1	主要适用于水网地区排灌沟渠配套的设施菜地	氮削减效果：填闲玉米对氮素淋洗拦截率为30%左右，化肥减量的同时配合填闲作物对氮淋洗的拦截率为61%，削减硝态氮15kg/hm²、总氮16.81kg/hm²；磷削减效果：削减总磷0.16kg/hm²		7
	基于稻作制农田消纳的氮磷污染阻控技术	ZJ31221-01	14101012	1	种植业面源污染防治	氮削减效果：减排氮1760kg/10³亩；磷削减效果：减排磷281kg/10³亩。COD削减效果：减排COD 17300kg/10³亩		7
	农田排水污染物三段式全过程拦截净化技术	ZJ31121-02	12101004	1	适用于南方水网种植业区域面源污染生态拦截工程	总氮平均削减率达到50%以上；总磷平均削减率达到40%以上；COD平均削减率20%以上		7
	基于硝化抑制剂-水肥一体化耦合的蔬菜氮磷投入减量关键技术	ZJ31411-01	12101004	1	主要适用于水网地区设施菜地	氮削减效果：总氮拦截率49.2%；磷削减效果：总磷拦截率34.8%		7
	基于农田养分控流失产品应用为主体的农田氮磷流失污染控制技术	ZJ31111-01	13103006	1	适用于水稻、小麦和油菜种植区域	氮削减效果：减少农田氮磷流失25%～35%；磷削减效果：减少农田氮磷流失25%～35%		8
	茶叶、柑橘等特色生态作物、肥药减量化和退水污染负荷削减技术	ZJ31440-04	12205001	2	农业面源污染治理	氮削减效果：减少流失40%以上；磷削减效果：减少流失40%以上		8
	农田退水污染控制技术	ZJ31221-02	12201003	1	适用于流域内农田退水污染负荷治理，适用于寒冷地区因水量大、污染负荷高而造成的面源污染问题	氮削减效果：总氮削减71.9%；磷削减效果：总磷削减86.8%		5
	生态农田构建技术	ZJ31226-01	14105001	1	洱海流域地区	氮削减效果：生物田埂的构建使农田沟渠出水口总氮浓度削减10.2%；生态沟塘进、出水总氮多次平均去除率为26.15%；稻田种养共生（鸭/蟹）技术的应用使养鸭/蟹稻田的田面水总氮降低了6.9%/14.6%；通过以碳控氮技术的实施，土壤全氮提高了2.5%，土壤铵态氮、硝态氮含量分别下降28.93%、22.13%		6

续表

技术类别	技术名称	技术编号	技术来源	示范工程	适用范围	环境效益		技术就绪度
						污染物削减	生物多样性改善	
面源污染控制	基于耕层土壤水库及养分库扩蓄增容基础上的农田增效减负技术	ZJ31311-01	15203007	1	平原河网区农田清洁生产	氮削减效果：冬小麦氮素流失降低 32.55%；夏玉米氮素流失减少 40.43%；小麦-玉米整个轮作周期氮素流失量平均减少 40.36%。磷削减效果：冬小麦磷素流失降低 32.52%；夏玉米磷素流失减少 48.85%；小麦-玉米整个轮作周期磷素平均流失量减少 44.00%		7
	湖滨区设施农业集水区内面源污染防控技术	ZJ31440-02	9102004	1	农业集水区面源污染防控	氮削减效果：削减 30%；磷削减效果：削减 30%		7
	分区限量施肥技术	ZJ31411-04	8105002	1	某区域土壤施肥			6
	农田土壤以碳控氮技术	ZJ31412-03	8105002	1	土壤碳氮比例失调问题突出地区			6
	规模化果园面源污染防治集成技术	ZJ31140-01	14206001	1	南方丘陵地区果园开发及经营活动导致的水土流失及农业面源污染防治	氮削减效果：径流小区汇水中总氮流失损失降低 83.71%，氨氮流失损失降低 86.13%；果园径流排水总氮入河负荷削减 85.78%，氨氮入河负荷削减 94.95%。磷削减效果：径流小区汇水中总磷流失损失降低 86.57%；果园径流排水总磷入河负荷削减 81.28%		8
	农业退水污染防控生态沟渠系统及构建方法	ZJ31221-03	15203007	1	主要应用于黄河下游地区土壤盐碱化饱和度较高，且年降水不均的黄河灌溉区农田排水。在排水的同时将部分农田退水通过生态手段进行净化，再将退水利用于农业生产中	氮削减效果：30%以上；磷削减效果：30%以上；COD 削减效果：50%以上		6
	水源区坡地中药材生态种植及氮磷负荷削减集成技术	ZJ31411-02	12205002	1	汇水流域坡地中药材种植	氮削减效果：总氮削减率 56.9%；磷削减效果：总磷削减率 70.2%		8
	农业结构调整下新型都市农业面源污染综合控制	ZJ31112-01	12102003	1	城镇化条件下的都市城郊集约化程度高的新型农业	氮削减效果：总氮削减 41.14%～43.5%；磷削减效果：总磷削减 40.31%～41.82%；COD 削减效果：削减 35.97%～38.71%		6

技术类别	技术名称	技术编号	技术来源	示范工程	适用范围	环境效益		技术就绪度
						污染物削减	生物多样性改善	
面源污染控制	都市果园低污少排放集成技术	ZJ31411-03	12102003	1	城镇化条件下的都市城郊集约化程度高的新型农业	氮削减效果：削减 43.5%；磷削减效果：削减 41.82%；COD 削减效果：削减 38.71%		6
	大面积连片、多类型种植业镶嵌的农田面源控污减排技术	ZJ31140-02	12102003	1	高原湖泊湖盆区多类型种植业镶嵌的农田面源控制	氮削减效果：削减 42.3%；磷削减效果：削减 77.3%；COD 削减效果：削减 37.5%		7
	温室甲鱼废水生态净化处理成套技术	ZJ32321-02	19101012	1	适用于温室甲鱼养殖设施的新建、改建和扩建及养殖方式，包括温室甲鱼养殖饲料投喂、水质原位处理、废水生态化处理与资源化利用、运行维护等	总氮的削减率为 90% 以上；总磷的削减率为 85% 以上；COD 削减率为 59%		7
	生态沟渠技术	ZJ31121-03	8105002	1	农田尾水的生态净化	氮削减效果：总氮去除率 ≥15%；磷削减效果：总磷去除率 ≥15%		6
	稻田生态阻控沟渠与退水循环利用技术集成	ZJ31240-01	14201009	1	稻田生产区退水中氮磷污染控制			6
	河口区稻田生态系统面源污染控制与水质改善技术	ZJ31240-02	13202007	1	稻田生产过程中田间及稻田生产区退水中氮磷污染控制	氮削减效果：稻田体系氮磷减排 19.9%，退水进一步净化后氮磷削减 40% 以上；COD 削减效果：不涉及		6
	坡耕地种植结构与肥料结构调控技术	ZJ31340-01	14201009	1	适用于寒冷冻融区河岸缓冲带退化湿地面源污染控制功能修复			6
	富磷区面源污染仿肾型收集与再削减技术	ZJ31121-01	9102004	1	主要以山地水土流失以及富磷区磷输出的防控为目的，针对不同立地环境（①地形陡峭、贫瘠干旱区域；②贫瘠干旱区域；③地形陡峭过渡区；④过渡区；⑤农田土壤区域），选择适宜物种。用于流域水土流失控制，以及山地面源污染中磷输出的减控	氮削减效果：削减 40%；磷削减效果：削减 60%；COD 削减效果：削减 70%		6

续表

技术类别	技术名称	技术编号	技术来源	示范工程	适用范围	环境效益		技术就绪度
						污染物削减	生物多样性改善	
面源污染控制	都市苗圃降污少排放集成技术	ZJ31440-03	12102003	1	城镇化条件下的都市城郊集约化程度高的新型农业	氮削减效果：削减 42.37%；磷削减效果：削减 40.31%；COD 削减效果：削减35.97%		5
	养殖水序批式置换循环生态处理与再利用技术	ZJ32322-01	10101005	1	水产养殖废水循环处理	氮削减效果：削减 65%；磷削减效果：削减 75%；COD 削减效果：削减 45%		4
	养殖废水原位生物治理技术	ZJ32123-02	15203007	1	养殖污水处理	氮削减效果：≥80%；磷削减效果：≥80%；COD削减效果：≥90%		5
	农田径流人工快速渗滤池技术	ZJ31425-01	12102003	1				
	高浓度有机污水制备生物基醇	ZJ32135-01	15203007	0	养殖污水处理	氮削减效果：≥80%；磷削减效果：≥80%；COD削减效果：≥90%		6
	生物炭基肥料开发利用与施用技术	ZJ31413-01	12102003	1	蔬菜地施肥			6
	以农户为单元田-沟-潭水肥循环利用技术体系	ZJ31431-01	12102003	1	适应于滇池流域坡耕地、坝平地范围内设施大棚或露天农田，根据农户自有拥有或相邻农户农田面积共同构建适合的沟渠-人工潭系统			5
	食性差异与空间互补的水产混养技术	ZJ32314-02	14101006	1	水产立体混养污染削减与水循环利用	氮削减效果：削减率95%；磷削减效果：削减率95%；COD 削减效果：削减率60%		6
	高密度养殖区水源保护组合处理技术	ZJ32223-01	8405002	1	养殖污水处理	氮削减效果：全量收集利用，基本实现零排放；磷削减效果：全量收集利用，基本实现零排放；COD 削减效果：全量收集利用，基本实现零排放		6
	畜禽养殖废水碳源碱度自平衡碳氮磷协同处理技术	ZJ32122-01	87101006	1	种养结合地区	氮削减效果：肥料收集利用，污水削减≥90%；磷削减效果：肥料收集利用，污水削减≥90%；COD 削减效果：肥料收集利用，污水削减≥90%		6

续表

技术类别	技术名称	技术编号	技术来源	示范工程	适用范围	环境效益		技术就绪度
						污染物削减	生物多样性改善	
面源污染控制	湖滨区水产养殖污染零排放的污染控制技术	ZJ32321-01	13101009	1	湖滨区水产养殖污染控制	氮削减效果：50%以上		4
	水产养殖污染物削减技术	ZJ32314-01	12209007	1	淀区及相似湖库的渔业生产	磷削减效果：每生态养殖1kg 鱼，可以从水中带走0.0013kg 的磷，与传统养殖方式相比，会减少磷负荷 0.0123kg		4
	规模化猪场废水高效低耗脱氮除磷提标处理技术	ZJ32122-03	14101012	1	养殖污水处理	氮削减效果：≥70%；磷削减效果：≥70%；COD削减效果：≥90%		6
	水产养殖膜生物法水质净化技术	ZJ32313-01	14101006	1	水产养殖废水处理	氮削减效果：氨氮达到97%以上；磷削减效果：无数据；COD 削减效果：削减率70%		3
	畜禽粪便和养殖有机垃圾厌氧消化过程消除抑制技术	ZJ32121-01	9104002	1	粪污处理	氮削减效果：50%以上；磷削减效果：50%以上；COD 削减效果：80%以上		5
	畜禽废弃物低能耗高效厌氧处理关键技术	ZJ32124-02	15203007	1	养殖污水处理	氮削减效果：≥80%；磷削减效果：≥80%；COD削减效果：≥90%		5
	立体养殖氮磷减量控制技术	ZJ32122-01	8405002	1	有较大池塘的养猪场	氮削减效果：全量收集利用，基本实现零排放；磷削减效果：全量收集利用，基本实现零排放；COD 削减效果：全量收集利用，基本实现零排放		6

11.2.3 生境改善类

生境改善类技术清单见表 11-5。

11.2.4 生态修复类

生态修复类技术清单见表 11-6。

表 11-5　生境改善类技术清单

技术类别	技术名称	技术编号	示范工程	关键词（3~5个）				适用范围	环境效益			目前技术就绪度	评估得分
									污染物削减	富营养化控制	二次污染概率		
污染底泥环保疏浚	有毒有害污染底泥环保疏浚技术	ZJ42321-02	Y	有毒有害底泥	环保疏浚	薄层疏挖	高浓度输送	适用于氮磷营养盐、重金属及有毒有机物复合污染的浅水湖泊河口和湖湾水体污染底泥的环保疏浚				8	92.09
	多目标底泥疏浚技术	ZJ42321-03	Y	底泥疏浚	重污染湖湾	多目标疏浚范围		适用于重污染河口和湖湾区，针对总氮含量高于1500mg/kg、总磷含量高于700mg/kg、重金属潜在生态风险指数高于300、厚度大于20cm的污染底泥修复				8	85.32
	太湖有毒有害与高氮磷污染底泥勘测鉴别评估技术	ZJ42321-01	Y	污染底泥	底泥污染评估	原状取土	底泥勘测	适用于氮磷营养盐、重金属有毒有机物复合污染严重的湖泊底泥污染现状鉴别评估				8	83.46
	疏浚底泥快速脱水干化技术	ZJ42323-01	Y	疏浚底泥	快速脱水	负压直排	脱水干化一体化	疏浚底泥脱水干化	底泥间隙水总氮削减 38%~72%			8	81.97
	基于水生植物修复的泥源内负荷综合控制技术	ZJ42322-04	一	水生植物	植物修复	植物-材料协同	底泥污染控制同	底泥污染控制				8	78.15
	内源磷原位固化稳定化技术	ZJ42322-03	一	底泥固化	固磷材料	固磷植物	植物	适用于水体底泥氮磷富集和内源磷固定	磷释放控制率58%~60%			8	77.95
	生态覆膜顶源内负荷控制技术	ZJ42322-02	Y	原位覆盖	底泥污染控制	生态覆膜		适用于滇池水体底泥深度范围为0.5~2.5m、风浪大、底泥受风浪扰动严重的岸边区域，可有限隔离污染物从底泥在界面间的迁移	SS去除率70%，透明度提高0.5cm/30d，总磷去除率90%，氮去除率85%			8	77.54

续表

技术类别	技术名称	技术编号	示范工程	关键词（3~5个）	适用范围	环境效益			目前技术就绪度	评估得分
						污染物削减	富营养化控制	二次污染概率		
污染类底泥环保疏浚	湖泊底泥改性材料泥源内负荷控制技术	ZJ42322-01	Y	底泥改性材料 原位覆盖 底泥污染控制	适用于滇池水深范围为0.5~2.5m、风浪大、底泥受风浪扰动严重的岸边区域，可有限隔离污染物从底泥在界面间的迁移					75.69
	底泥原位钝化控磷技术	ZJ42322-05	Y	原位钝化 改性控磷材料	适用于污染严重的河口和湖湾区底泥原位控磷	表层底泥磷释放量减率半年内削减释放量30%				
蓝藻水华打捞	大型仿生式水面蓝藻清除技术	ZJ42311-02	0	仿生式 鳃式过滤	水生态修复		叶绿素a去除率90%、藻泥含水率91%		7	93.34
	一体化高效蓝藻浓缩脱水收集船技术	ZJ42311-01	Y	一体化 絮凝 磁分离 浓缩脱水 船	水生态修复		叶绿素a去除率92%、藻泥含水率89%		7	89.61
	基于微藻去除的水体透明度快速提高技术	ZJ42311-05	1	絮凝气浮 转鼓过滤	水生态修复		叶绿素a去除率70%、藻泥含98%	II	7	89.51
	滤食性食藻鱼类鳙鲢控藻技术	ZJ42412-02	0	非经典生物操纵 控藻	洱海流域鱼类生物控藻				6	87.49
	滇池典型区域水面蓝藻物理过滤清除综合技术	ZJ42311-03	0	砂滤 絮凝沉淀	水生态修复		叶绿素a去除率78.7%、藻泥含94.4%	I	6	85.28
	藻类生物控制与水华应急处置整装技术	ZJ42311-04	1	鲢鳙投放 浮游动物 陷阱浓缩 絮凝	水生态修复		叶绿素a去除率95%、藻泥含水率94%	III	7	84.86

续表

技术类别	技术名称	技术编号	示范工程	关键词（3~5个）	适用范围	污染物削减	富营养化控制	二次污染概率	目前技术就绪度	评估得分
	削盐-控藻-碎屑生物链联合调控富营养化技术	ZJ42420-01		食物链结构优化 / 控藻 / 富营养化	湖泊富营养化率制和水质调控				6	83.12
蓝藻水华打捞	蓝藻水华拦截与高效机械除藻技术	ZJ42310-01	1	拦截 / 高效 / 履带式过滤 / 除藻	水生态修复		叶绿素 a 去除率 78.7%，藻泥含水率 94.4%			
	针对富营养化湖泊内源污染的生态控源除磷技术	ZJ42310-01	0	鲢鳙比例 / 底栖鱼类	水生态修复	—		—		
	缓冲带构建与低污染水处理集成技术	ZJ42110-01	Y	缓冲带构建 / 低污染水	缓冲带生态修复	总氮去除率 34%、总磷去除率 58%、COD 去除率 32%			7	94.83
入湖河流治理	入湖口导流、水力调控与湿地净化技术	ZJ42230-01	Y	入湖河口 / 前置库 / 导流坝	适用于平原河网区入湖河口前置库及导流引导项目的优化改造，提高水动力条件和污染物去除效率	总氮去除率 30%、总磷去除率 40%、SS 削减 50%			7	92.77
	入湖河口湿地生态重建技术	ZJ42220-01	Y	基底改良 / 生态护岸 / 植物恢复 / 漂浮湿地	适用于水位波动、干湿交替下硬质及石质滩底目河口缺乏浅滩的湿地修复	总氮年削减 30.87t、总磷年削减 10.01t、COD 年削减 216.96t			7	92.3
	河道旁路构造湿地净化技术	ZJ42210-02	Y	混凝沉淀 / 氧化塘 / 微曝气 / 旁路湿地	适用于重污染治理通航而不适合原位污染治理和生态修复的大型河道的污染物削减	氨氮去除率 40%、总磷去除率 50%、高锰酸盐削减 35%			9	91.83

续表

技术类别	技术名称	技术编号	示范工程	关键词（3~5个）				适用范围	环境效益		目前技术就绪度	评估得分
									富营养化控制			
									污染物削减	二次污染概率		
	河口规模化人工湿地水质改善技术	ZJ42210-08	Y	入湖河口	多级湿地	植物配置	结构优化	适用于复杂水质与水文条件下河口人工湿地的构建	总氮去除率55%（进水6.24~8.45mg/L，出水2.48~4.09mg/L），氨氮去除率60%（进水0.18~3.75mg/L，出水0.06~0.71mg/L）；总磷去除率83%（进水0.18~0.98mg/L，出水0.06~0.18mg/L）；COD去除率36%（进水22~30mg/L，出水14~19mg/L）			91.46
入湖河流治理	陡坡消落带生态防护及减污截污技术	ZJ42121-02	1	陡坡	消落带	生态防护	截污	水库陡坡消落带				90.81
	低成本的支浜水质净化与生态修复技术	ZJ42112-05	Y	缓冲带	支浜	生态修复	净化	湖滨缓冲带支浜及其他类似河道治理与生态修复			7	90.17
	草林复合系统构建中选种与平衡配置技术	ZJ42112-01	Y	缓冲带	草林		构建	缓冲带修复			3	89.94
	入湖河流原位及异位湿地生态修复技术	ZJ42210-04	Y	异位湿地	功能除磷材料	多级潜流/表流	面源净化	面源污染影响入湖河流水质改善净化	总氮去除率66.7%；总磷去除率37.5%；COD削减17.56%		7	89.14

续表

技术类别	技术名称	技术编号	示范工程	关键词（3~5个）			适用范围	环境效益			目前技术就绪度	评估得分
								污染物削减	富营养化控制	二次污染概率		
入湖河流治理	地表径流多级调蓄与水质净化技术	ZJ42210-03	2	汇水区	微曝气	脱氮除磷	适用于城市河道入河面源污染控制与雨水资源化利用	运用该技术COD、氨氮、总氮和总磷平均去除率达到67.7%、94.5%、46.4%和86.9%，结合初期雨水截流，可实现汇水区30%~50%的面源污染负荷削减			7	88.18
	河口沟-塘-表流湿地生态构建技术	ZJ42210-07	1	入湖河口	塘系统	表流湿地系统	适用于河流流域入湖河口构建调蓄塘净化，实现河水污染再削减	COD$_{\text{Cr}}$去除率为22%；总氮去除率为11%；总磷去除率为27%；SS去除率为63%			7	88.06
	湖盆消落带湿地构建及水质改善技术	ZJ42112-04	1	湖盆	湖滨带	湿地构建	水库湖盆消落带				6	86.79
	适度人工强化的近自然湿地恢复技术	ZJ42112-08	Y	缓冲带	近自然湿地	构建	国内同类型湖泊缓冲带内湿地生态建设				7	86.65
	圩区沟塘系统环境友好模式构建技术	ZJ42112-02	1	圩区	沟塘	构建	缓冲带修复				5	85.87
	低污染水营养盐快速移出技术	ZJ42210-05	1	尾水湿地	生态塘		污水处理厂尾水深度净化处理	总氮去除率31.92%；氨氮去除率89.38%；总磷去除率80.71%；COD削减30.52%			7	85.05

续表

技术类别	技术名称	技术编号	示范工程	关键词(3~5个)				适用范围	环境效益			目前技术就绪度	评估得分
									污染物削减	富营养化控制	二次污染概率		
入湖河流治理	陆向湖滨带生态修复与入湖污染处理技术	ZJ42112-03	1	湖滨带	生态修复	湿地		湖滨带修复技术					84.68
	沿岸低污染水的生态处理技术	ZJ42210-06	Y	面源污染	氧化塘	生态浮床	强化曝气	适用于农业面源污染区入湖河流水质保持与净化	总氮去除率25.96%; 总磷去除率33.88%; COD削减10.42%			7	84.05
	利用短食物链进行低污染水体的生态恢复与水质改善技术	ZJ42412-01	Y	短食物链	水质改善			适用于Ⅳ~Ⅴ类轻度污染自然水体的生态修复与调控		叶绿素a削减60%~90%; 沉水植被被覆盖度提高率30%		7	80.42
	削减湖滨退耕区土壤存量污染负荷的生物群落构建技术	ZJ42112-06	1	湖滨	退耕区	生态修复		湖滨退耕区面源污染控制、植物群落构建和景观建设				7	80.28
	缓坡消落带生态保护与污染负荷削减技术	ZJ42121-01	1	缓坡	消落带	生态防护	截污	湖滨带修复					79.69

表 11-6　生态修复类技术清单

技术类别	技术名称	技术编号	示范工程 (3~5个)	关键词	适用范围	环境效益		目前技术就绪度	评估得分
						污染物削减	生物多样性改善		
	水生植物群落构建与草型湖泊生态系统恢复技术	ZJ42330-01	Y	水生植物　收割调控　群落结构优化	适用于城市景观富营养化湖泊生态恢复	总氮、总磷削减10%~15%			89.64
	养殖鱼类合理配置技术	ZJ42412-03		鱼类群落　种群调控	圩区沟塘系统养殖鱼类配置			6	88.12
	基于草型清水态维持的水生生物群落的优化技术	ZJ42420-02		群落优化　经典生物操纵	滇池水生生物群落恢复			7	87.85
湖泊水生植被修复	河湖浅水区水生植被诱导繁衍技术	ZJ42331-01	Y	水生植被　水生生物　诱导繁殖	适用于浅水湖泊、河岸水深低于1.5m的范围内进行植被恢复	总氮、总磷削减率分别为23%、23%	生物多样性、沉水植被覆盖度提高80%、50%		87.82
	浅水湖泊沉水植物修复分区定植技术	ZJ42331-02	Y	沉水植物　植物修复　分区定植	适用于低透明度、高风浪浅水湖泊沉水植物恢复		生物多样性、沉水植被覆盖度提高30%、30%		87.82
	鱼类群落结构调控技术	ZJ42411-02	0	鱼类群落　人工放流　种群调控	洱海流域土著鱼类恢复			6	87.36
	沉水植被构建关键技术	ZJ42331-03	1	沉水植物　植物修复　植被扩增	适用于富营养化严重、水生植被完全衰退至丧失的高原浊水型湖泊沉水植被恢复	工程区内总氮浓度1.25mg/L，对照区总氮浓度2.2mg/L，总氮下降43%；工程区内总磷0.21mg/L，对照区总磷浓度0.37mg/L，总磷下降43%	水生植被覆盖率，实施前为5%，实施后为80%		86.45
	浮游动物保育与增殖技术	ZJ42430-01		浮游动物　结构调控	洱海流域浮游甲壳动物保育			6	84.77

续表

技术类别	技术名称	技术编号	示范工程	关键词 (3~5个)			适用范围	环境效益		目前技术就绪度	评估得分
								污染物削减	生物多样性改善		
湖泊水生植被修复	利用种子库恢复严重受损湖泊水生植物的关键技术	ZJ42331-04	1	种子库	植被扩增	沉水植物	针对富营养化严重、水生植被完全衰退甚至消失至导致的湖泊生态系统严重损伤的湖泊水生植物恢复		水生植被覆盖率提高30%		80.05
	水生植物群落重建及生物多样性恢复技术	ZJ42332-02	Y	群落构建	茴草恢复	水生植物	富营养化初期湖泊水生植物群落恢复		香农多样性指数提高30%、沉水植被覆盖度提高35%	7	80
	水生植被面积扩增与群落结构优化技术	ZJ42332-01	Y	群落优化	植被扩增	沉水植物	富营养化初期湖泊的水生植被面积扩增与群落结构优化		生物多样性、沉水植被覆盖度提高30%、20%	6	73.5
	城涝型旱季旁路净化和雨季调蓄合理冲击性负荷集成关键技术	ZJ42200-03	1	旁路湿地	雨季调蓄	雨污混排	适用于河流两岸具有较大雨污溢流口,目河岸尚存有效可利用空间的区域	总氮去除率:旱季,52.5%;雨季,72.4%;总磷去除率:旱季,38.9%,雨季,66.9%,COD去除率:旱季,45%;雨季,66.9%			91.52
	适应大水位波动的漂浮湿地构建技术	ZJ42210-01	1	漂浮湿地	水位波动	漂浮湿地	适用于水体较深、不宜恢复水生沉水植物的富营养化湖泊、河流、水库以及景观水体,或者无挺水植物生境	总氮去除率79.9%,硝态氮去除率92.9%,氨氮去除率52.2%;总磷去除率92.9%;叶绿素a削减率76.7%;高锰酸盐削减68.2%		7	90.96
湖滨湿地修复	受损湖滨带基底修复及湿生乔木湿地构建技术	ZJ42120-01	1	湖滨带	基底修复	湿生乔木	受损湖滨带基底修复和生态建设			6	89.52
	滨湖区域"地表径流-河网-河口"梯级污染拦截与水质净化集成技术	ZJ42200-02	Y	滨湖地区	河口污染拦截	协同水质净化	适用于大湖流域滨湖区域地表径流面源拦截、河道水质净化、河口污染拦截	总氮去除率20%以上;总磷去除率20%以上;SS削减30%以上			88.21

续表

技术类别	技术名称	技术编号	示范工程	关键词（3~5个）			适用范围	环境效益 污染物削减	环境效益 生物多样性改善	目前技术就绪度	评估得分
湖荡湿地修复	规模化生态修复区基底改造、生态堤岸构建与生境改善集成技术	ZJ42120-02	Y	规模化	基质	生态岸带	湖滨带修复			7	83.37
	输水沿线湖荡水质生物强化净化成套技术	ZJ42200-01	1	垂直驳岸	河湖滨水湿地	植物净污带	适用于驳岸修复、河滨带修复，以及对开阔水域的漂浮湿地建设	总氮去除率16.77%；总磷去除率16.64%；叶绿素a削减率23.3%；高锰酸盐削减19.3%		7	80.32
	补水人工强化湿地处理技术	ZJ42522-02	1	生物膜反应器	潜流人工湿地	反硝化作用	适用于处理有机物和氨氮浓度较高的污染河水	总氮去除率为81.0%，硝态氮和总氮去除率均较高，为93.8%和81.6%			
湖滨带生态修复	缓冲带防护区生态建设技术	ZJ42111-02	1	隔离	缓冲带	生态建设	湖滨带生态修复				91.67
	直立堤岸基质改善与生态岸带修复技术	ZJ42100-01	1	直立堤岸	基质	生态岸带	湖滨带生态修复		生物多样性提升率183%	7	91.14
	缓冲带农业生产区生态优化技术	ZJ42111-01	1	缓冲带	农业生产区	优化	湖滨带生态修复				89.66
	湖滨带生物多样性恢复技术（缓坡型）	ZJ42100-03	1	湖滨带	缓坡	多样性	湖滨带生态修复		生物多样性提升率87.7%	7	89.48
	沿岸带基底高程与物化条件重建技术	ZJ42122-02	1	沿岸带	基底	物化条件	湖滨带生态修复				88.28
	陡岸湖滨带生态修复技术	ZJ42100-02	1	湖滨带	陡岸	生态修复	湖滨带生态修复		生物多样性提升率17.13%	7	87.77

技术类别	技术名称	技术编号	示范工程	关键词(3~5个)			适用范围	环境效益		目前技术就绪度	评估得分
								污染物削减	生物多样性改善		
湖滨带生态修复	圩堤消落区生境调控生态修复技术	ZJ42100-05	1	圩区	消落区	生境调控	湖滨带生态修复			7	85.4
	生态修复区水陆交错带及敞水区水生植被多层次重建技术	ZJ42140-01	Y	高藻	敞水区	水生植被	湖滨带修复	示范区透明度平均值在122cm, 从2015年12月到2016年12月, 水体总磷<0.1mg/L, 总氮<1.5mg/L, 总氮、总磷污染负荷平均削减率大于25%	示范区累计发现水生植物50种以上, 其中沉水植物14种, 覆盖度均值为56%, 生物多样性指数为1.22		84.97
	湖滨带多自然型生境改善与生态修复技术	ZJ42100-04	1	湖滨带	多自然型	生境	湖滨带生态修复		生物多样性提升率150%	7	84.87
	湖滨带扩增保育技术	ZJ42130-01	1	湖滨带	扩增	保育	湖滨带修复	工程实施后, 总氮浓度从4.09mg/L降低到1.35mg/L, 削减了66.99%(2017年12月26日大泊口水域内总氮最低值仅为0.881mg/L); 总磷浓度从0.219mg/L降低到0.060mg/L, 削减了72.6%(2017年12月26日大泊口水域内总磷最低值为0.0389mg/L); 叶绿素a从156μg/L下降到30.13μg/L, 削减了80.69‰。2017年当滇池草海及外海发生明显蓝藻富集时, 大泊口水域未出现蓝藻富集情况			82.97
	受损湖区生境条件修复技术	ZJ42122-01	1	湖区	生境	修复	湖滨带生态修复				81.03

11.2.5　流域管理类

流域管理类技术清单见表 11-7。

表 11-7　流域管理类技术清单

技术类别	技术名称	技术编号	示范工程	关键词（3～5 个）			适用范围	环境效益		目前技术就绪度	技术评分
								污染物削减	生物多样性改善		
水生态功能区管理	河网总量控制目标制定与小区域分配技术	ZJ42510-01	0	河网总量	区域分配	断面监测	河网总量控制目标制定与小区域分配			8	
水生态监测监控	三峡库区城镇水污染源解析及水环境问题诊断技术	ZJ43100-01	0	水质监测	源解析	主成分分析	水环境健康诊断与评估技术			6	
	巢湖流域城市群水环境监控及预警技术	ZJ43110-04	0	水环境监测	GIS系统	数学模型	水环境健康诊断与评估技术			4	77.25
	地下水-地表水氮污染补排识别与优控管理技术	ZJ34131-01	0	地下水-地表水	氮污染	补排识别	适用于流域尺度农业面源氮污染综合控制与管理的策略制定			7	
	洱海流域结构控污与生态文明技术体系集成	ZJ34131-02	1	洱海流域	结构控污	生态文明	湖泊流域结构控污与生态文明建设			7	
	湖泊（洱海）流域结构控污与生态文明技术体系集成	ZJ42530-02	Y	流域生态环境	结构控污	生态文明技术	湖泊流域结构控污与生态文明建设			6	
	洱海流域生态文明评价技术	ZJ42530-03	0	数值模拟	水环境容量	水文模型	洱海流域生态文明体系建设			6	
	藻源性湖泛短期预测预警技术	ZJ42530-04	0				富营养化浅水湖泊藻源性湖泛的短期预测预警			—	
	超大型水库生态环境动态监测及问题诊断技术集成系统	ZJ42530-05	0				适用于流域生态环境综合观测、湖泊水华风险预警、流域综合管理				
	典型集水区域特征痕量有机污染物水质风险评估与预测技术	ZJ34131-03	0	集水区域	特征痕量有机污染物	水质风险评估	东江上游区域典型痕量有机污染物包括化学农药、抗生素、分泌干扰物与个人护理品的分析与风险评估			7	
排污许可制度											

续表

技术类别	技术名称	技术编号	示范工程	关键词（3~5个）			适用范围	环境效益		目前技术就绪度	技术评分
								污染物削减	生物多样性改善		
环境综合管理平台	天地一体化流域生态环境综合观测与洱海水华监测预警技术	ZJ42530-01	Y	流域生态环境	综合观测	水华监测	适用于流域生态环境综合观测、湖泊水华风险预警、流域综合管理			—	
	复杂水流条件下的支流水华的预测预报方法	ZJ42530-06	0				适用于流域生态环境综合观测、湖泊水华风险预警、流域综合管理				
	水库群传统效益与水环境效益的协调方法	ZJ42530-07	0				适用于流域生态环境综合观测、湖泊水华风险预警、流域综合管理				
	太湖流域水环境治理区域绩效评估体系技术	ZJ42530-08	0				富营养化浅水湖泊藻源性湖泛的短期预测预警				
	洱海流域生态环境综合管理平台	ZJ34132-01	1	洱海流域	生态环境	综合管理平台	稻田生产区氮肥施用减量和面源污染控制			7	

11.3　湖泊富营养化控制与生态修复技术甄选

　　基于湖泊治理需求的技术参数要求和环境、经济、技术三要素的技术评估结果，技术适用区域条件包括全国通用、高原山地地区；污染水体类型包括生活、工业污水；控制污染指标包括水质指标、生态指标，依据技术评估得分高低顺序优选（图 11-1）。

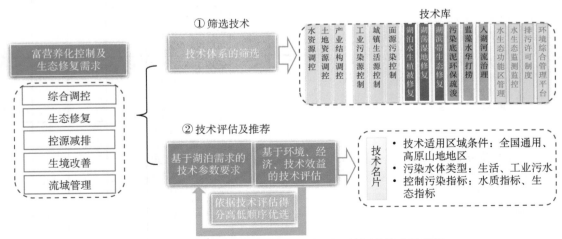

图 11-1　湖泊富营养化控制技术甄选与适用性评估技术流程图

技术政策篇

第12章 湖泊富营养化控制与生态修复政策建议

12.1 总则

（1）为持续改善湖泊（水库）水生态环境质量，维护水生态系统健康，保障湖泊（水库）使用功能，为富营养化控制、水生态环境修复以及蓝藻水华防控提供技术指导，为实施有效的湖泊（水库）及流域水生态环境管理提供技术依据，促进湖泊（水库）富营养化控制及生态修复技术进步，根据《中华人民共和国环境保护法》《中华人民共和国水污染防治法》等法律法规，制定本技术政策。

（2）本技术政策适用于我国境内所有的湖泊、水库及其流域。

（3）本技术政策为指导性文件，主要包括综合调控、控源减排、生态修复、生境改善、流域管理等内容，可为制订湖泊（水库）富营养化控制及生态修复方案、流域水环境保护规划、环境影响评价、水源地保护、重点水环境功能区保护等提供技术支持。

（4）湖泊（水库）富营养化控制与生态修复的指导思想是：以习近平生态文明思想为引领，坚持"人与自然和谐共生""山水林田湖草沙是一个生命共同体"理念，统筹考虑水环境、水生态和水资源，按照"精准治污、科学治污、依法治污"的要求，严格空间管控，坚持"减排"与"增容"两手发力，推动湖泊（水库）水生态环境质量持续改善。

（5）湖泊（水库）富营养化控制与生态修复的技术原则是：湖泊（水库）富营养化控制与生态修复应按照"分区、分类、分级、分期"的原则，针对不同湖泊（水库）水生态环境问题及成因进行分类施策。根据湖泊（水库）所处地理位置分为东部平原湖区、云贵高原湖区、蒙新高原湖区、青藏高原湖区、东北平原-山地湖区；根据湖泊（水库）水深分为浅水型湖泊（水深≤4m）、中等水深湖泊（4m<水深≤20m）和深水型湖泊（水深>20m）；根据湖泊（水库）水生态环境质量状况分为优（水质为Ⅰ～Ⅲ类且营养状态为贫营养）、中（水质为Ⅳ～Ⅴ类，且营养状态为中营养或贫营养；或水质为Ⅰ～Ⅲ类且营养状态为中营养）、差（水质为劣Ⅴ类或者营养状态为富营养）三级；根据2035年"生态环境根本好转，美丽中国目标基本实现"的要求，分期提出富营养化控制及生态修复近期（2021～2025年）、中期（2026～2030年）、远期（2031～2035年）的阶段性目标和主要任务。

（6）湖泊（水库）富营养化控制与生态修复的技术路线是：按照"问题→成因→任务→项目"的技术链条，在水生态环境质量现状评估、风险识别、水环境功能区达标评估等基础上，识别重点问题和重点区域；从空间管控、控源截污、生态流量、生态受损、管理能力等方面开展成因研判，识别问题成因；结合国家湖泊（水库）水生态环境管理要求和地方需求，合理确定湖泊（水库）中长期保护目标，按照目标导向和问题导向，科学确定富营养化控制与生态修复的总体布局、主要措施和重点任务；结合流域特点和经济技术可行性，合理设置和筛选工程项目。

（7）湖泊（水库）富营养化控制与生态修复的技术措施是：按照"流域统筹、区域统筹"的思路，采用综合性措施实施富营养化控制与生态修复，具体包括综合调控、控源减排、生境改善、生态修复和流域管理等。

12.2　综合调控

12.2.1　湖泊（水库）流域空间管理

以保护湖泊（水库）水生态环境功能为目的，将湖泊（水库）流域划分为若干个控制单元，每个控制单元设置控制断面，通过控制断面将流域保护责任落实到行政区，由行政区推动各项任务和工程具体实施。

12.2.2　水资源调控

（1）实行最严格的水资源管理制度，提高节水意识和用水效率。确立湖泊（水库）流域水资源开发利用控制红线，杜绝水资源过度开发。针对高耗水行业，确立用水效率控制红线，坚决遏制用水浪费。

（2）将湖泊（水库）生态水位和入湖河流生态流量管理纳入水资源管理制度。针对重要湖泊（水库），明确其生态水位及入湖河流的生态流量，并通过优化水量调度予以保障。

（3）加大生活用水和生产用水的回用力度，优先在水资源匮乏的湖泊（水库）流域建立区域再生水循环利用体系。

12.2.3　土地资源调控

（1）根据湖泊（水库）生态功能划定生态保护红线，保障合理生态空间面积。依据对湖泊（水库）生态环境的影响程度，在生态红线区域划定保护区、限制开发区、一般开发区等不同的管控区域，实行差别化的管控措施。

（2）以空间规划为依据，对自然生态空间实行区域准入和用途转用许可，重点明确农业、城镇、生态主导功能空间的用途转用管理，构建覆盖全部自然生态空间的开发保护制度框架。

12.2.4　产业结构调控

（1）合理制定湖泊（水库）流域内产业结构优化调整中长期规划，进一步优化三产结构。

（2）全面提升制造业发展水平，推动传统产业升级改造，促进传统重污染行业提质增效。

（3）加快服务业服务内容、业态和商业模式创新，增强服务经济发展新动能。

（4）加快构建现代农业产业体系，大力发展以绿色生态为导向的现代农业。

12.3 控源减排

12.3.1 工业污染源控制

（1）坚决淘汰落后产能，强化区域优势产业协作，推动传统产业升级改造。

（2）鼓励工业企业向工业园区集中，加强工业园区废水集中处理。大力推进深度处理和提标改造工程建设。

12.3.2 城镇生活源控制

（1）进一步完善湖泊（水库）流域内城镇周边污水管网，建设建制镇的污水管网系统，提高城镇生活污水纳管接管处理率。

（2）开展生活排污口综合整治。地级及以上城市建成区基本无生活污水直排口，基本消除城中村、老旧城区和城乡接合部生活污水收集处理设施空白区，基本消除黑臭水体。

12.3.3 种植业养殖业污染控制

（1）鼓励农村土地流转，并实施规模化生产。提倡发展生态农业，强化农药化肥施用总量控制，减少农药化肥使用量。

（2）加强水专项技术的推广应用，加强对农户农技指导，大力提高测土配方施肥技术覆盖率和农作物秸秆养分还田率。

（3）鼓励畜禽养殖场生态化改造，推进畜禽粪便及废水无害化处理和资源化利用。

12.3.4 农村生活源控制

（1）结合湖泊（水库）流域农村实际情况，因地制宜选用农村生活污水治理方式。人口密集、经济发达并且建有污水排放基础设施的农村，宜集中处理；人口相对分散、经济欠发达地区的农村，可采用分散处理。集中处理宜采用生物强化为主的处理技术；分散处理可采用生物和生态相结合的处理技术。

（2）理顺农村生活污水设施运行资金缺乏、管理队伍能力水平参差不齐等问题，实现设施稳定运行，提高污染负荷削减效率。

12.4 生境改善

12.4.1 入湖河流治理

（1）针对湖泊（水库）流域内水质欠佳的入湖（库）河流，制订科学合理的水质达标方案。强化河道整治，减少河网污染物的囤积。修复受损河道生态结构与功能。

（2）在河流入湖（库）口等位置因地制宜建设人工湿地水质净化工程；鼓励利用水

库、湿地及坑塘等建设前置库、塘坝及功能湿地等，截留与削减入湖（库）污染负荷。

12.4.2　污染底泥环保疏浚

（1）在识别湖泊（水库）污染底泥分布、蓄积量和理化特征的基础上，确定合理底泥疏浚工程规模，开展重点区域底泥环保疏浚。

（2）底泥疏浚过程中应杜绝二次污染，鼓励疏浚底泥资源化利用。

12.4.3　蓝藻水华打捞

（1）针对饮用水水源地、沿岸带、重点景观等敏感水域，采用高效、低耗的物理导流等技术实施蓝藻打捞，控制湖泊（水库）堆积藻类污染。

（2）安全处置收集藻类，鼓励资源化利用。

12.5　生态修复

12.5.1　湖荡湿地恢复

（1）划定河网湖荡滨岸缓冲带作为优先保护区，通过"退塘还湿"，尽可能地增加湿地生态系统的面积，增强其涵养水源、污染拦截等生态屏障功能。

（2）增加湖荡湿地面积和河网水系连通性，开展流域河网湖荡湿地生态修复工程，恢复河网湖荡湿地生境完整性，提升生物多样性，增强生态系统的服务功能，使其具有更大的接纳能力和净化能力，实现生态增容。

12.5.2　湖滨带生态修复

根据地形特征沿湖（库）周边及入湖河流两岸设置一定宽度的湖滨缓冲带。根据地形地貌、土地利用、生态类型等，因地制宜构建多种挺水、浮水和沉水植物群落，形成群落复杂、根系发达的湿地净化系统结构，充分发挥缓冲带拦截、过滤和净化的功能。

12.5.3　湖泊水生植被修复

（1）通过降低水体氮磷营养盐浓度，增加水体透明度（真光层深度等于或大于水深），恢复适宜水生植被的生境条件。

（2）筛选确定水生植被修复先锋物种，优化配置生物群落，防止外来物种入侵。减少风浪扰动，促进水生植物生长和草型生态系统的发育。

（3）建立水生植被恢复区维护与管理规则，科学打捞水生植物，保障水生植被修复区系统稳定。

12.6 流域管理

12.6.1 水生态功能区管理

（1）按照"山水林田湖草沙"生命共同体的理念，根据湖泊（水库）流域水生态系统特点，对气候、水文、生态系统状况以及当地经济社会发展现状等进行分析，划定不同的水生态功能区，确定每个功能区的生态管理目标，并制订管理方案。

（2）针对源头区，加大水源涵养林保护力度，做好表土管理。采用自然或人工措施修复山地侵蚀区，控制水土流失。

12.6.2 水生态监测监控

（1）在水环境监测的基础上，补充水生态和水资源监测，针对重点湖泊（水库）开展野外连续观测。根据监测结果及时对湖泊（水库）水生态环境状况及变化趋势进行研判，为水生态环境管理提供依据。

（2）综合利用卫星遥感、自动在线和人工监测以及计算机模拟等技术，构建湖泊（水库）蓝藻水华监测预警体系，实现实时、精确监测与预警蓝藻水华的发生。

（3）针对湖泊（水库）型饮用水水源地，制订水华暴发的应急预案。

12.6.3 排污许可制度

（1）核算湖泊（水库）水环境承载能力。根据湖泊（水库）水生态功能、流域经济条件和技术水平，制定湖泊（水库）及入湖（库）河流氮、磷分期质量标准和控制目标，并落实到控制单元。

（2）基于控制单元水环境容量和主要污染物最大排污量，构建排污许可分配技术体系。湖泊（水库）内污染源需持证定量排污。

（3）规范排污许可证发放和管理，构建湖泊（水库）流域排污许可证动态管理平台，提高污染源精细化管理水平。

12.6.4 环境综合管理平台

（1）基于"5G 时代"、物联网、大数据等技术，提升湖泊（水库）水环境、水资源、水生态等信息的数据挖掘、联合建模、数据分析和规则构建等智能应用水平，为管理决策提供技术支持。

（2）加强湖泊（水库）流域大数据平台建设，推进湖泊（水库）流域数字化管理，构建湖泊（水库）流域水资源、水环境、水生态综合监测、决策与调控中心。

（3）加强湖泊（水库）流域水生态环境质量状况信息公开，正确引导社会舆论。

12.7　鼓励研发富营养化控制与生态修复技术

（1）基于湖泊（水库）生态链条完整性分析的蓝藻水华发生机理、原因诊断及控制技术。

（2）自然条件下湖泊（水库）水生植被恢复及修复技术。

（3）湖泊（水库）流域面源污染成因及有效防治技术。

（4）湖泊（水库）流域区域再生水循环利用技术。

（5）基于湖泊（水库）水生态系统健康的湖泊（水库）及入湖（库）水质目标确定技术以及湖泊（水库）水生态系统健康评价方法。

案 例 篇

第 13 章　长江流域湖泊富营养化控制与生态修复技术路线图及分类指导方案

　　湖泊流域具有重要的生态服务功能，在我国经济社会发展中发挥着举足轻重的作用。长江流域湖泊众多，覆盖了我国青藏高原湖区、云贵高原湖区和东部平原湖区的部分湖泊。作为"山水林田湖草沙"生命共同体的重要组成，湖泊水生态环境质量状况对长江流域水生态环境保护与修复整体目标的实现具有重要影响。当前，富营养化和生态受损是我国湖泊水生态环境保护面临的共性难题。湖泊的营养状态和生态状况除受流域水污染物排放的影响外，还受区域自然地理条件、湖泊自身形态、流域水资源量等多重因素的影响。因此，开展长江流域湖泊水生态环境状况的分区分类特征研究及成因分析，对于科学指导长江流域"十四五"湖泊富营养化控制及生态修复，进而实现长江流域水生态保护与修复的总体目标具有重要意义。

13.1　长江流域湖泊概况

　　长江流域是我国湖泊分布最为集中的流域之一。据统计，全流域面积大于 1km² 的湖泊有 648 个，总面积为 1.73 万 km²，约占我国湖泊总面积的 1/5。长江流域的湖泊大部分位于长江中下游东部平原湖区，面积约 1.41 万 km²，约占全流域湖泊面积的 82%。源头区位于青藏高原，湖区面积大于 1km² 的湖泊有 84 个，面积仅占全流域湖泊面积的 4%（许学莲等，2020）。

　　源头区分布在青藏高原生态屏障区的湖泊群是我国"两屏三带"生态安全战略格局的重要组成，在涵养大江大河水源和调节气候方面发挥了不可替代的作用。同时，该区域也是生态系统敏感脆弱区域，全球气候变化与人为干扰对湖泊湿地萎缩/扩张退化的影响显著（赵贵章等，2020）。

　　长江上游区分布在云南和川滇生态屏障区的湖泊多为构造湖，这个区域湖泊水库的水位受季节降水量变化的影响较大；水深岸陡，光照充足，换水周期长，生态系统较为脆弱，湖泊生态环境质量对流域人类活动的响应更加敏感。此外，该区域分布了大量的深水型湖库，目前该类湖库的观测与科研基础薄弱，亟待加强（Li et al.，2021）。

　　长江中游区历史上曾有近百个通江湖泊，目前仅剩洞庭湖和鄱阳湖。该区域湖泊的生态环境演变受气候和人类经济活动的双重影响，其水位受季风气候支配，年内与年际间相差悬殊，鄱阳湖和洞庭湖水位的年内变幅在 8～12m。近年来，水库建设、污染排放和闸坝控制等人为干预对洞庭湖、鄱阳湖的水文节律及生态空间变化产生了显著影响（赵贵章等，2020）。

长江下游区湖泊多为长江下游河流尾部被淤积抬高形成的浅水型外流湖，该区域光照充足，年降水量丰沛，水网密集，水位相对平稳。同时，该区域人口密度大，经济高度发达，污染排放强度大，人类经济活动影响强烈，湖泊富营养化和水华暴发现象较为普遍（中国科学院南京地理与湖泊研究所，2019）。

13.2　长江流域湖泊水生态环境特征的区域性差异

位于长江流域的国控湖泊有 28 个，其中位于东部平原湖区的有 19 个，位于云贵高原湖区的有 8 个，位于蒙新高原湖区的有 1 个。源头区分布在青藏高原的湖泊有特拉什湖、玛章错钦、雀莫错等。国控湖泊和源头区代表性湖区在长江流域的位置示意图见图 13-1。

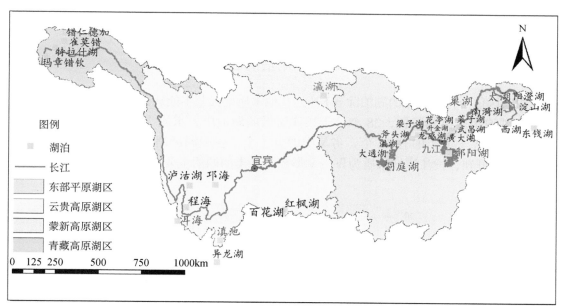

图 13-1　长江流域国控湖泊和源头区代表性湖泊位置示意图

13.2.1　长江流域湖泊水深分区特征

位于长江中下游东部平原湖区的 19 个国控湖泊中，除洞庭湖、鄱阳湖两个通江湖泊外，其他湖泊均为浅水型湖泊（水深≤4m）。上游区位于云贵高原湖区的湖泊以中等水深湖泊（4m<水深≤20m）和深水型湖泊（水深>20m）为主。不同水深的湖泊分布情况见图 13-2。

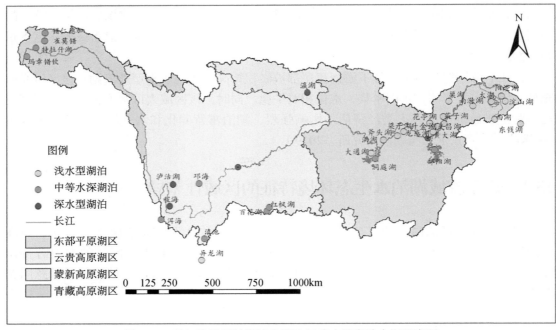

图 13-2 长江流域国控湖泊和源头区代表性湖泊水深示意图

13.2.2 长江流域水环境质量状况较差湖泊的区位特点

源头区位于青藏高原的湖泊除 pH 外，其他水质指标基本能达到 Ⅱ 类标准。根据 2019 年国控湖泊水质监测数据，28 个位于长江流域的湖泊中，水质为 Ⅰ～Ⅲ 类的湖泊有 15 个，水质为 Ⅳ～Ⅴ 类的有 12 个，劣 Ⅴ 类的有 1 个。各个湖区湖泊水质情况见图 13-3。由图 13-3 可知，长江流域水质为 Ⅳ～Ⅴ 类和劣 Ⅴ 类的湖泊主要位于东部平原湖区和云贵高原湖区。

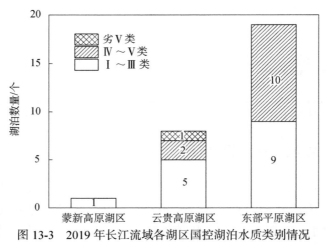

图 13-3 2019 年长江流域各湖区国控湖泊水质类别情况

源头区位于青藏高原的湖泊基本均处于贫营养状态。根据 2019 年国控湖泊营养状态评估结果，28 个位于长江流域的湖泊中，处于贫营养状态的湖泊有 2 个，中营养状态的湖泊有 13 个，轻度富营养化的湖泊有 11 个，中度富营养化的湖泊有 2 个。各个湖区湖泊的营养状况见图 13-4。由图 13-4 可知，长江流域呈现富营养化状态的湖泊主要位于云贵高原湖区和东部平原湖区。

中度富营养化
轻度富营养化
中营养
贫营养
湖泊数量/个
蒙新高原湖区
云贵高原湖区
东部平原湖区

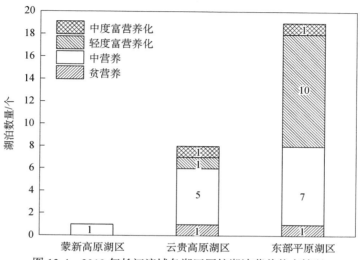

图 13-4 2019 年长江流域各湖区国控湖泊营养状态情况

根据水质和营养状况，对国控湖泊的水环境质量进行综合评价。结果表明，水环境质量综合状况为优的湖泊有 2 个，为中等的湖泊有 12 个，为差的湖泊有 14 个。具体见图 13-5。总体来说，水环境质量综合状况为差的湖泊主要位于东部平原湖区和云贵高原湖区。

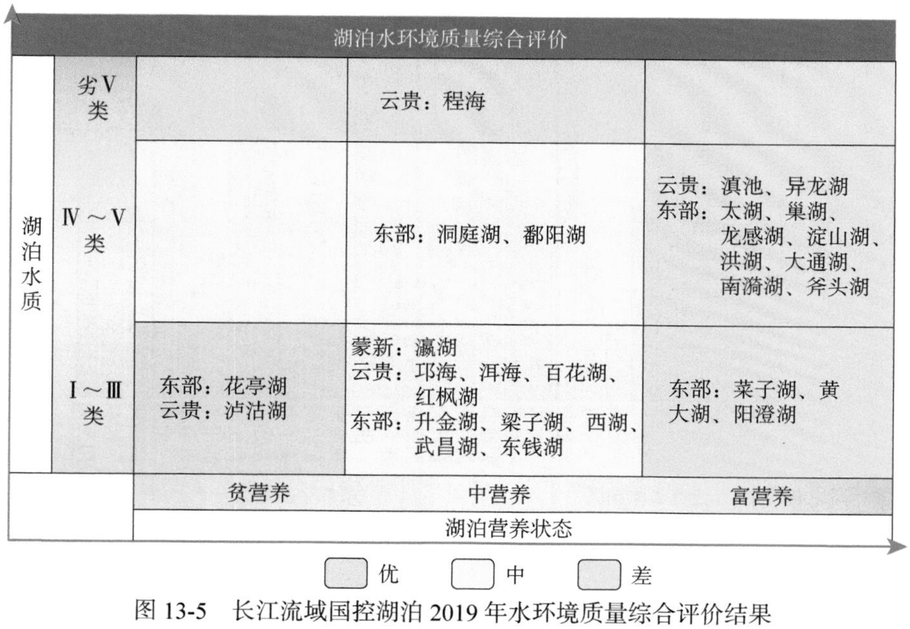

湖泊水环境质量综合评价
湖泊水质
劣Ⅴ类
Ⅳ～Ⅴ类
Ⅰ～Ⅲ类
云贵：程海
东部：洞庭湖、鄱阳湖
云贵：滇池、异龙湖
东部：太湖、巢湖、龙感湖、淀山湖、洪湖、大通湖、南漪湖、斧头湖
东部：花亭湖
云贵：泸沽湖
蒙新：瀛湖
云贵：邛海、洱海、百花湖、红枫湖
东部：升金湖、梁子湖、西湖、武昌湖、东钱湖
东部：菜子湖、黄大湖、阳澄湖
贫营养
中营养
富营养
湖泊营养状态
优
中
差

图 13-5 长江流域国控湖泊 2019 年水环境质量综合评价结果

13.2.3 长江流域富营养化湖泊主要污染指标的区域性差异

长江流域 28 个国控湖泊 2019 年综合营养状态指数（TLI）、高锰酸盐指数（COD_{Mn}）、总氮（TN）、总磷（TP）、叶绿素 a 和透明度的指标状况见图 13-6～图 13-11。滇池和异龙湖综合营养状态指数在云贵高原湖区相对较高；龙感湖综合营养状态指数在东部平原湖区最高。异龙湖的高锰酸盐指数显著高于滇池，滇池的总氮、总磷和叶绿素 a 高于异龙湖。位于东部平原湖区的富营养化湖泊中，大通湖的高锰酸盐指数和总磷最高，淀山湖的总氮最高。总体来说，东部平原湖区富营养化湖泊的总磷整体高于云贵高原湖区富营养化湖泊，云贵高原湖区富营养化湖泊的叶绿素 a 显著高于东部平原湖区富营养化湖泊。

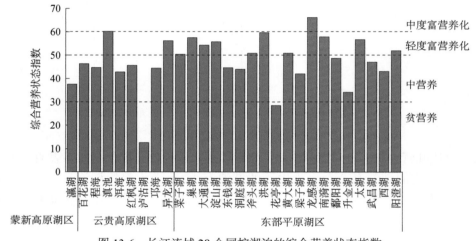

图 13-6　长江流域 28 个国控湖泊的综合营养状态指数

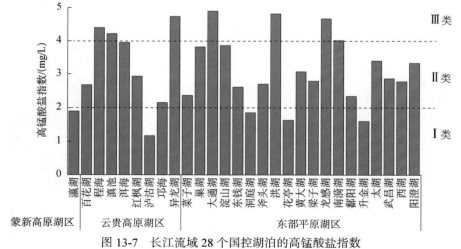

图 13-7　长江流域 28 个国控湖泊的高锰酸盐指数

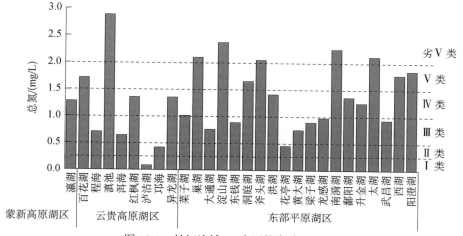

图 13-8　长江流域 28 个国控湖泊的总氮

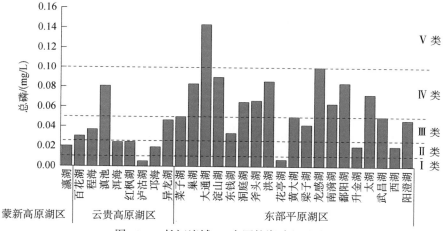

图 13-9　长江流域 28 个国控湖泊的总磷

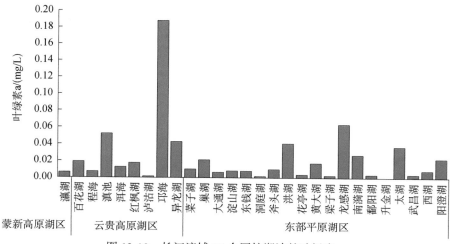

图 13-10　长江流域 28 个国控湖泊的叶绿素 a

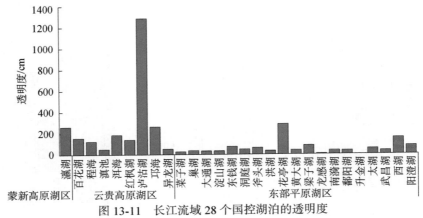

图 13-11　长江流域 28 个国控湖泊的透明度

13.2.4　长江流域主要湖泊富营养化控制的压力

　　滇池、洱海、洞庭湖、鄱阳湖、巢湖、太湖长江流域六大重点湖泊，2003～2019 年综合营养状态指数、高锰酸盐指数、总氮、总磷、叶绿素 a 和透明度的变化情况见图 13-12～图 13-17。

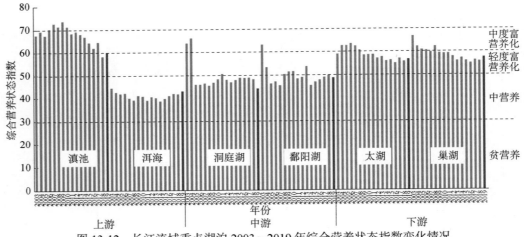

图 13-12　长江流域重点湖泊 2003～2019 年综合营养状态指数变化情况

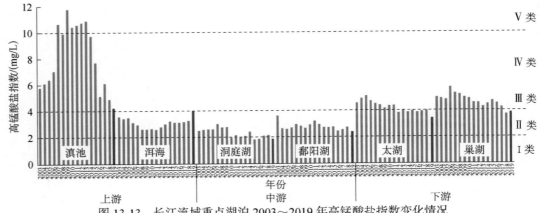

图 13-13　长江流域重点湖泊 2003～2019 年高锰酸盐指数变化情况

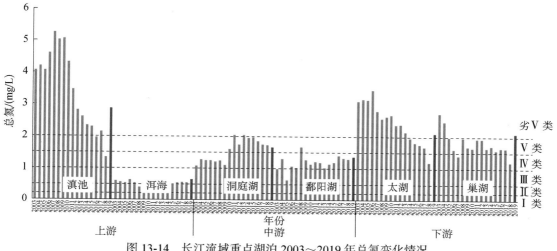

图 13-14　长江流域重点湖泊 2003～2019 年总氮变化情况

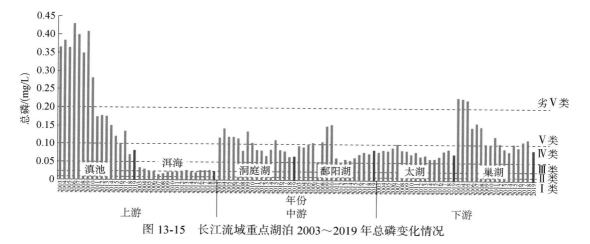

图 13-15　长江流域重点湖泊 2003～2019 年总磷变化情况

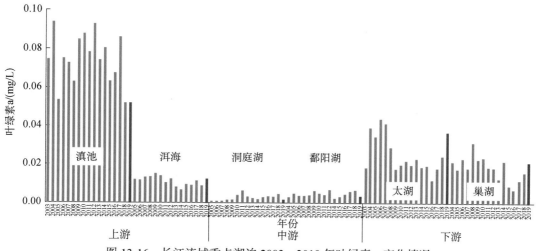

图 13-16　长江流域重点湖泊 2003～2019 年叶绿素 a 变化情况

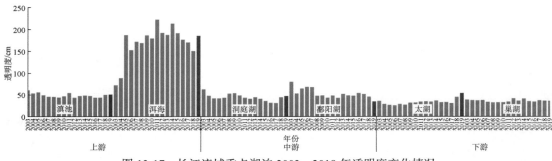

图 13-17　长江流域重点湖泊 2003～2019 年透明度变化情况

滇池：富营养化程度显著高于其他重点湖泊，尽管自 2010 年以来富营养化控制成效显著，综合营养状态指数、高锰酸盐指数、总氮及总磷整体上呈下降趋势，但并不稳定，存在反弹的情况。

洱海：在六大重点湖泊中营养状态最好，但自 2015 年以来，综合营养状态指数、高锰酸盐指数及总氮呈逐年升高的趋势，需引起重视。

洞庭湖：2005 年以来洞庭湖的综合营养状态指数整体上呈缓慢升高趋势，但 2019 年有所下降，2015～2019 年总氮、总磷和叶绿素 a 的浓度水平逐年下降。

鄱阳湖：2008～2013 年营养状态最差，达到富营养化水平，2014 年显著改善，但 2015 年以来总氮及总磷又呈逐年升高趋势。

太湖：2007 年以来富营养化水平整体上呈下降趋势，尤其总氮浓度显著下降，但 2019 年总氮浓度突增，总磷 2015～2019 年呈逐年升高趋势。

巢湖：2003 年以来富营养化水平总体逐年降低，高锰酸盐指数及总氮浓度下降明显，但总磷 2015～2019 年逐年升高。

13.3　长江流域湖泊富营养化影响因素分析

13.3.1　影响湖泊营养状态的因素

湖泊营养状况受湖泊所处地理位置、湖泊自身条件、区域经济社会、内源污染负荷等多种因素的影响。其中，湖泊所处地理位置是最基本的影响因素，决定了湖泊的水温、光照和降水等，是影响藻类繁殖的气候要素，也决定了湖泊的形态特征、营养物质输入和输出的方式及频率。湖泊形态各参数中，水深是湖泊营养状态最主要的影响因素，平均水深越深的湖泊对外界输入的营养物质缓冲能力越强，对营养物质有稀释和沉淀的作用使得藻类的生长速度缓慢，因此，相对于浅水型湖泊，深水型湖泊发生富营养化的概率大大降低。人类经济社会活动是湖泊富营养化的另一主要驱动因素。经济社会的快速发展、人口快速增加、工业化和城镇化进程加快，使得大量营养盐进入湖泊，加剧了水体富营养化。

湖泊营养状态的主要影响因素见图 13-18。

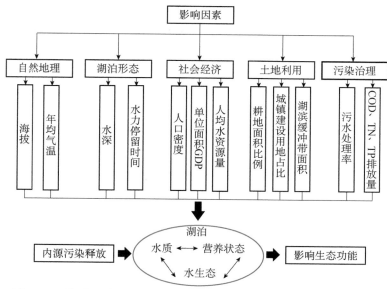

图 13-18 湖泊营养状态主要影响因素（中国环境科学研究院，2012）

13.3.2 湖泊营养状态成因诊断

源头区位于青藏高原湖区的湖泊由于人口密度小、城市化水平低、受人类经济活动干扰最小，因此该区域湖泊的营养化程度较低。但近年来，随着全球气候变暖影响，源头区部分湖泊出现退缩、咸化乃至消亡，有冰川补给的湖泊面积扩张、水质淡化。

长江流域富营养化和中营养化的湖泊主要位于上游区的云贵高原湖区和中下游区的东部平原湖区。以东部平原湖区的国控湖泊为例，从经济社会、土地利用及污染治理等方面对富营养化湖泊和中营养化湖泊所遭受环境压力进行了分析，结果见图 13-19。

长江中下游呈现富营养化状态的湖泊有太湖、巢湖、大通湖、菜子湖、洪湖、阳澄湖、龙感湖、淀山湖和南漪湖。由图 13-19 可知，这些湖泊的共性特点是流域人口密度大、经济发达、土地利用强度高、城镇化进程快、入湖河流水质差、水资源匮乏以及生态系统破坏严重等，但不同的湖泊也有着一些差异化的原因。例如，太湖、巢湖作为大型城市综合纳污型湖泊，其营养状态是外源污染负荷和内源生境破坏共同作用的结果（秦伯强，2020）；大通湖、阳澄湖、洪湖主要受湖内水产养殖的影响，水体总磷浓度较高，富营养化程度较高（钟诗群等，2014）；南漪湖流域污染治理能力较低，来自农业面源、畜禽养殖及工业源的污染负荷较重（李玉平，2020）；龙感湖流域农业化肥的使用和湿地植被破坏是湖体水质恶化并呈现富营养化的重要原因（肖灵君等，2020）；淀山湖作为典型的过水型湖泊，上游来水水质对湖体的影响较大。

长江中下游处于中营养状态的湖泊有洞庭湖、鄱阳湖、升金湖、梁子湖、黄大湖、斧头湖、西湖、武昌湖。由图 13-19 可知，这些湖泊总体上所受的环境压力为中等，但社会经济发展"压力"所带来的污染负荷增加潜力大，导致湖泊生态系统结构不合理及生物多样性受到威胁。其中，洞庭湖、鄱阳湖、升金湖作为通江/半通江湖泊，换水周期较短，对改善湖泊水体水质有着积极作用，但流域污染负荷不容忽视；黄大湖、武昌湖均为过水

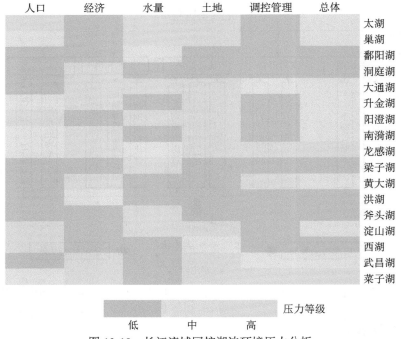

图 13-19　长江流域国控湖泊环境压力分析

型湖泊，水产养殖、畜禽养殖及农业种植业对入湖氮磷的贡献较大；西湖作为典型的城市湖泊，主要受到城市污染和高强度污染治理的影响。

13.4　长江流域湖泊水生态环境保护"十四五"规划对策建议

"十四五"时期，应坚持"山水林田湖草沙"系统治理理念，以长江上游云贵高原湖区和中下游东部平原湖区为重点，明确不同区域、不同类型、不同使用功能湖泊的保护重点和路径，综合运用流域控源、内源治理、水文调控、生态修复等多种措施，推动长江流域湖泊水生态环境质量持续改善。

13.4.1　加强源头区湖泊水生生物种质资源保育

针对长江源头区湖泊，建议一方面结合遥感等技术，研究湖泊面积、水位、水量、理化性质及流域生态系统变化对气候变化的响应及反馈；另一方面加强湖泊自然保护区建设或划定湖泊生态保护区，加强水生生物种质资源保育，实施开发用途和强度管制，严格控制人类活动对湖泊生态系统的干扰。

13.4.2　提升上游区雨季污染负荷削减能力

在"十三五"控源减排的基础上，针对长江上游区域雨季降水历时短、强度大的特点，加强城市溢流污水管控及初期雨水调蓄和调度，提高城市污染削减效率，降低雨季入湖污染负荷。同时，推进湖岸生态缓冲带建设，开展湖滨带生态修复，减少水土流失，并提高对地表径流中污染物的截留能力。

13.4.3　保障中游区通江湖泊水文基本节律

建立并完善水资源、水环境、水生态协同管理机制，以保障大型通江湖泊水文基本节律为目标，优化调度干支流水库群蓄水和放水，特别是在冬春季实施更加科学合理的枯水期补水调度，保障大型通江湖泊淡水资源和重要水生生物关键时期水文节律需求，保护湖泊湿地生物多样性和生态系统健康。

13.4.4　强化中下游区湖泊生态修复与水生态调控

在长江中下游湖泊流域实施必要的退耕还湖、退渔还湖、退建还湖工程，划定并修复湖滨缓冲带。实施湖泊底泥污染控制与生境修复，优化冬春水位调控，促进水生植被恢复。打通湖泊水生动物洄游通道，促进鱼类等水生生物的自然增殖；在大型湖泊建立休渔期和禁渔期，保障湖泊鱼类等水生生物休养生息，促进关键生物栖息地生态重建，增加生物多样性和生物链完整性，力争实现"有鱼有草"，恢复湖泊自净能力。

第14章 巢湖富营养化控制与生态修复技术路线图及分类指导方案

14.1 巢湖流域概况

14.1.1 自然地理概况

1）地理位置及行政区划

巢湖流域位于安徽省中部，在116°24′30″E～118°00′00″E、30°58′00″N～32°06′00″N，处于长江、淮河两大河流之间，属长江下游左岸水系。巢湖流域地势的总轮廓是东西长南北窄且西高东低中间比较低洼平坦，其地理位置如图14-1所示。

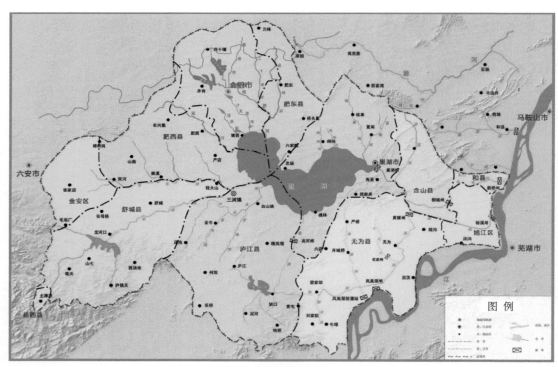

图14-1　巢湖所处地理位置图

流域西北以江淮分水岭为界，东濒长江，南与菜子湖、白荡湖、陈瑶湖以及皖河流域毗邻。呈东西长、南北窄状分布。流域总面积13486km²（含铜城闸以下牛屯河流域

404km²），约占安徽省总面积的 9.3%。其中，巢湖闸以上 9153km²，巢湖闸以下 4333km²。巢湖湖底高程一般为 5～6m，正常蓄水位 8m 时，湖面面积 755km²，容积 17.17 亿 m³；设计防洪水位 12.5m 时相应湖面面积 780km²，容积 52 亿 m³。湖盆岸线长度 181.8km，沿湖岸堤长度 102.2km。流域范围包括合肥市区（含瑶海区、包河区、庐阳区、蜀山区）、巢湖市、肥东县、庐江县、肥西县、和县、含山县、无为市、长丰县、舒城县以及金安区 11 个县（市、区）。

2）地形地貌

巢湖流域四周分布着大别山、冶父山、凤凰山、浮山等山脉，全流域最大高程 1371m，其中 75%的高程处于 50m 以下。总体地势东低西高，中部多低洼平坦，四周多低山丘陵，且巢湖位于流域中心，属于沿长江平原以及江淮丘陵中心地带。地貌类型以中切割低山区、岗冲地、丘陵岗地和冲积平原为主。

流域内因其地貌类型和成土母质的不同，所形成的土壤类型复杂多样。主要土壤类型有水稻土、潮土、红壤土、棕壤、石灰土、紫色土、黄棕壤等。水稻土分布在丘陵岗地、低山区、冲积平原以及巢湖沿岸和主要河流两侧。紫色土主要分布在低山丘陵区和丘陵岗地。黄棕壤主要分布在岗冲丘陵相间地带。棕壤主要分布在低山丘陵区。

3）气象气候

巢湖流域属亚热带和暖温带过渡性的副热带季风气候区，气候温和湿润，年平均温度 15～16℃，极端最高气温 39.2℃，极端最低气温-20.6℃。历年土壤最大冻结深度 9～11m，降水量分布不均匀，流域内各水系主要为降水补给。巢湖水位受河流水情控制，多年平均水位为 8.3lm，多年平均水位变幅为 2.5m。最高水位出现在 7 月、8 月，最低水位出现在少雨或农业用水季节。整个流域内植被无论是类型、种类都比较单调，主要有针叶林、阔叶林、经济林、杂叶林、灌丛、宜地林等①。

14.1.2　流域水系概况

巢湖湖区最大水域总面积 825km²，东西长 54.5km，南北宽 15.1km，湖岸线最长 181km，湖水主要靠地表径流和雨水补给。巢湖作为合肥市和巢湖市主要饮用水源地之一，也是中国五大淡水湖之一。

巢湖水源主要来自大别山区东麓及浮槎山区东南麓的地面径流，现有大小河流 39 条，呈向心状分布，河流源近流短，表现为山溪性河流的特性。巢湖在汇集南、西、北三面来水之后，在巢湖市城南出湖，并经裕溪河向东南流至无为市裕溪口处注入长江。以巢湖为中心，四周河流呈放射状注入。较大支流有杭埠河、丰乐河、派河、南淝河、柘皋河、白石天河、兆河等。巢湖闸以下为裕溪河，主要支流有清溪河、牛屯河以及联通裕溪河和黄陂湖之间的西河。洪水较大时，也可通过与裕溪河相连的牛屯河分洪道流至和县金河口闸处入江。

14.1.3　经济社会状况

巢湖流域是安徽省城镇化主要的区域，2019 年研究区常住人口 1177 万人，占安徽省总人

---

① 引自《巢湖综合治理绿色发展总体规划（2018—2035 年）》。

口的 18.5%，其中城镇有 531 万人口，城镇化率平均为 45%。2019 年地区生产总值（GDP）为 10408 亿元，同比增长 46%，合肥市所辖的包河区 GDP 总值最高，高达 1333.46 亿元，GDP 产值最低的地区为金安区，产值为 187.66 亿元。产业结构以第二产业、第三产业为主，且第二产业在研究区的经济结构中处于优势地位。其中，流域的主要经济来源于工业；第三产业以现代服务业为主，新型太阳能光伏、新能源等新兴发展产业占据全国领先地位。

14.1.4 生态环境状况

1. 巢湖湖体

1）巢湖总体水质状况

巢湖湖区共设有八个国控考核断面，其中东半湖布设五个监测断面，西半湖布设三个监测断面。2015～2020 年巢湖水质年际变化见表 14-1。

2020 年巢湖全湖水质为 Ⅳ 类，轻度污染，呈轻度富营养化状态，全湖平均综合营养状态指数为 55.6，其中东半湖水质为 Ⅳ 类，轻度污染，呈轻度富营养化状态，综合营养状态指数为 54.4；西半湖水质为 Ⅳ 类，轻度污染，呈轻度富营养化状态，综合营养状态指数为 57.3。全湖主要污染物为总氮和总磷，年均值分别超标 0.36 倍和 0.32 倍，东、西半湖主要污染物均为总氮、总磷，东半湖总氮和总磷分别超标 0.10 倍和 0.20 倍，年均最大值出现在中庙测点；西半湖总氮和总磷分别超标 0.80 倍和 0.52 倍，其中，总氮年均最大值出现在西半湖湖心测点，总磷最大值出现在新河入湖区测点。

与 2019 年相比，东半湖和全湖水质类别无明显变化，西半湖水质由 Ⅴ 类水质提升至 Ⅳ 类，湖区氨氮、化学需氧量、总磷浓度均值分别下降 41.2%、0.7%、15.4%，综合营养状态指数下降 0.89%。

总体来看，2015～2020 年巢湖全湖水质持续好转，氨氮、总氮、总磷主要污染指标浓度水平持续下降，尤其西半湖水质明显好转，综合营养状态指数下降明显，目前巢湖全湖、东半湖、西半湖水质均达到 Ⅳ 水质。

2）主要污染指标变化趋势

"十三五"期间，巢湖湖区总氮浓度总体呈下降趋势。其中，2020 年东半湖总氮浓度为 1.10mg/L，较 2015 年下降 3.5%；西半湖总氮浓度为 1.80mg/L，较 2015 年下降 21.7%；全湖总氮浓度为 1.36mg/L，较 2015 年下降 13.9%。东半湖、西半湖和全湖总氮浓度 2015～2019 年逐年下降，2020 年东半湖、西半湖和全湖总氮浓度均较上年小幅反弹，分别超标 0.10 倍、0.80 倍和 0.36 倍。空间分布上，西半湖总氮浓度较高，西半湖总氮年均最大值出现在西半湖湖心测点，东半湖总氮浓度相对较低。

"十三五"期间，巢湖湖区总磷浓度呈波动下降趋势。2020 年，东半湖总磷浓度为 0.060mg/L，较 2015 年下降 25%；西半湖总磷浓度为 0.076mg/L，较 2015 年下降 44.5%；全湖总磷浓度为 0.066mg/L，较 2015 年下降 35.3%。从变化趋势来看，西半湖、全湖总磷浓度 2017 年达到最高值；东半湖总磷浓度 2018 年达到最大值，之后呈逐年下降趋势；东半湖、西半湖和全湖平均总磷浓度分别超标 0.20 倍、0.52 倍和 0.32 倍。从空间分布来看，西半湖总磷浓度较高，且年均最大值出现在新河入湖区测点；东半湖总磷浓度相对较低。

表 14-1　2015～2020 年巢湖水质年际变化比较表

点位		东半湖						西半湖				东半湖平均	西半湖平均	全湖平均
		巢湖船厂	东半湖湖心	黄麓	中庙	兆河入湖区	湖滨	新河入湖区	西半湖湖心					
水质类别	2015 年	Ⅳ	Ⅳ	Ⅳ	Ⅳ	Ⅴ	Ⅴ	Ⅴ	Ⅴ			Ⅳ	Ⅴ	Ⅴ
	2016 年	Ⅳ	Ⅳ	Ⅳ	Ⅳ	Ⅴ	Ⅴ	Ⅴ	Ⅴ			Ⅳ	Ⅴ	Ⅳ
	2017 年	Ⅳ	Ⅳ	Ⅳ	Ⅴ	Ⅳ	Ⅴ	Ⅴ	Ⅴ			Ⅳ	Ⅴ	Ⅴ
	2018 年	Ⅳ	Ⅳ	Ⅳ	Ⅴ	Ⅳ	Ⅴ	Ⅴ	Ⅴ			Ⅳ	Ⅴ	Ⅴ
	2019 年	Ⅳ	Ⅳ	Ⅲ	Ⅳ	Ⅳ	Ⅴ	Ⅳ	Ⅴ			Ⅳ	Ⅴ	Ⅳ
	2020 年	Ⅲ	Ⅲ	Ⅲ	Ⅳ	Ⅲ	Ⅳ	Ⅲ	Ⅳ			Ⅳ	Ⅳ	Ⅳ
营养状态	2015 年	51.5 轻度富营养化	51.4 轻度富营养化	52.3 轻度富营养化	54.4 轻度富营养化	55.6 轻度富营养化	58.9 轻度富营养化	58.2 轻度富营养化	60.1 中度富营养化			53.2 轻度富营养化	59.2 轻度富营养化	55.8 轻度富营养化
	2016 年	50.1 轻度富营养化	52.6 轻度富营养化	51.5 轻度富营养化	55.4 轻度富营养化	53.5 轻度富营养化	57.2 轻度富营养化	57.7 轻度富营养化	57.9 轻度富营养化			52.8 轻度富营养化	57.7 轻度富营养化	54.8 轻度富营养化
	2017 年	51.4 轻度富营养化	53.2 轻度富营养化	53.0 轻度富营养化	56.9 轻度富营养化	53.2 轻度富营养化	59.0 轻度富营养化	56.7 轻度富营养化	61.9 中度富营养化			53.8 轻度富营养化	59.4 轻度富营养化	56.2 轻度富营养化
	2018 年	54.8 轻度富营养化	55.0 轻度富营养化	54.6 轻度富营养化	57.1 轻度富营养化	52.3 轻度富营养化	55.5 轻度富营养化	54.1 轻度富营养化	55.6 轻度富营养化			54.9 轻度富营养化	55.3 轻度富营养化	55.4 轻度富营养化
	2019 年	52.6 轻度富营养化	52.6 轻度富营养化	53.0 轻度富营养化	57.0 轻度富营养化	53.5 轻度富营养化	59.4 轻度富营养化	57.3 轻度富营养化	60.7 中度富营养化			54.0 轻度富营养化	59.2 轻度富营养化	56.1 轻度富营养化
	2020 年	54.8 轻度富营养化	54.1 轻度富营养化	53.1 轻度富营养化	56.3 轻度富营养化	53.3 轻度富营养化	56.3 轻度富营养化	56.7 轻度富营养化	58.8 轻度富营养化			54.4 轻度富营养化	57.3 轻度富营养化	55.6 轻度富营养化

注：总氮不参与水质评价。

3）营养状态

（1）2016～2020年巢湖富营养化变化。

根据巢湖湖区2016～2020年水质数据，"十三五"期间巢湖东半湖、西半湖始终保持轻度富营养化。从湖区各监测断面综合营养状态指数变化趋势来看，2020年西半湖三个国控断面综合营养状态指数均较2016年有不同程度的下降，西半湖富营养化程度总体呈减轻趋势；2020年东半湖五个国控断面中除兆河入湖区外，巢湖船厂、东半湖湖心、黄麓、中庙四个断面综合营养状态指数均较2016年不同程度升高，尤其巢湖船厂、东半湖湖心断面综合营养状态指数上升幅度较大，东半湖富营养化程度总体呈加剧趋势。总体来看，2020年巢湖西半湖富营养化程度仍然高于东半湖，但东半湖富营养化程度逐渐加重的趋势不容忽视。

根据巢湖全湖2017～2020年逐月平均综合营养状态指数数据，"十三五"期间巢湖全湖富营养化程度呈波动变化，各年度之间无明显增减趋势，总体为轻度富营养化。从逐月变化来看，每年10～11月巢湖全湖综合营养状态指数相对较高，其次为每年的6～8月，与各年度水华多发时段（5月、8～10月前后）较为吻合。总体来看，巢湖全湖秋季（10～11月）富营养化水平要高于夏季（6～8月）。

（2）2020年巢湖水生态调查富营养化状况。

根据《巢湖生态环境质量调查评估报告》（2020年），巢湖湖区夏季和秋季处于轻度富营养化状态。其中，夏季（8月）综合营养状态指数为48.2～59.2，平均值为54.6；东半湖综合营养状态指数为48.2～54.7，平均值为52.2；西半湖综合营养状态指数为54.2～59.2，平均值为56.8，空间富营养化特点为西半湖综合营养状态指数平均值>全湖综合营养状态指数平均值>东半湖综合营养状态指数平均值。2020年巢湖湖区秋季（10月）综合营养状态指数与夏季差别较小，空间分布趋势也与夏季一致。

（3）近十年巢湖水华发生情况。

巢湖近十年（2010～2020年）水华发生次数和规模呈波动变化，其中，水华发生面积有明显增加趋势，2020年蓝藻水华面积达到峰值，2018年水华发生次数较高、规模较大，2014年水华发生次数达到峰值。时间上，5月、8～10月前后为水华多发时段；空间上，水华发生程度和次数由西北向东南递减，水华发生范围从西半湖向东半湖扩展。相关分析显示，水体氮、磷含量较高，水生植被退化是水华容易暴发的关键内因，温度高、吞吐水量变小等气象水文因素是主要外因。巢湖蓝藻水华演替模式为"鱼腥藻（春）—微囊藻（夏秋）—鱼腥藻（冬）"。

2. 环湖河流

1）环湖河流总体水质状况

巢湖入湖的大小河流共有30余条，巢湖闸上主要有南淝河、派河、杭埠河、丰乐河、白石天河、兆河、柘皋河等，巢湖闸下主要有裕溪河、西河、清溪河、牛屯河。安徽省巢湖管理局重点对南淝河、十五里河、派河、白石天河等10条环湖河流开展了水质监测工作，共设有14个国控考核断面，其中合肥市境内设有12个国控考核断面。

2015～2020年巢湖环湖河流国控考核断面水质状况见表14-2。

表 14-2　2015～2020 年巢湖环湖河流水质状况

序号	河流	断面名称	水质目标	2015 年	2016 年	2017 年	2018 年	2019 年	2020 年	2020 年主要超标项目	考核城市
1	南淝河	施口	V，氨氮 ≤4mg/L	劣V	劣V	劣V	劣V	劣V	V	氨氮	合肥市
2	十五里河	希望桥	Ⅲ	劣V	劣V	劣V	劣V	Ⅲ	Ⅲ	—	合肥市
3	派河	肥西化肥厂下	Ⅳ	劣V	劣V	劣V	V	Ⅳ	Ⅳ	氨氮	合肥市
4	白石天河	石堆渡口	Ⅲ	Ⅲ	Ⅲ	Ⅲ	Ⅲ	Ⅲ	Ⅲ	—	合肥市
5	杭埠河	北闸渡口	Ⅲ	Ⅱ	Ⅲ	Ⅲ	Ⅲ	Ⅲ	Ⅲ	—	合肥市
6		三河镇新大桥	Ⅲ	Ⅲ	Ⅲ	Ⅱ	Ⅱ	Ⅱ	Ⅱ		合肥市
7		河口大桥		Ⅲ	Ⅲ	Ⅱ	Ⅱ	Ⅱ	Ⅱ		六安市
8	兆河	入湖口渡口	Ⅲ	Ⅲ	Ⅲ	Ⅱ	Ⅱ	Ⅱ	Ⅱ		合肥市
9		庐江缺口	Ⅲ	Ⅲ	Ⅲ	Ⅲ	Ⅲ	Ⅲ	Ⅲ		合肥市
10	裕溪河	裕溪口		Ⅱ	Ⅱ	Ⅱ	Ⅱ	Ⅱ	Ⅱ		芜湖市
11		三胜大队渡口	Ⅲ	Ⅲ	Ⅲ	Ⅲ	Ⅲ	Ⅲ	Ⅲ		合肥市
12	双桥河	双桥河入湖口	Ⅲ	劣V	劣V	Ⅳ	Ⅲ	Ⅲ	Ⅲ		合肥市
13	柘皋河	柘皋大桥	Ⅲ	Ⅲ	Ⅲ	Ⅲ	Ⅲ	Ⅱ	Ⅲ		合肥市
14	丰乐河	三河镇大桥		Ⅲ	Ⅲ	Ⅲ	Ⅲ	Ⅲ	Ⅲ	—	合肥市

2）环湖主要河流水质变化趋势

"十三五"期间，南淝河、十五里河、派河、双桥河四条河流总氮、氨氮浓度显著下降，总磷浓度呈波动下降趋势。2020 年南淝河、十五里河、派河、双桥河总氮浓度分别为 5.64mg/L、5.63mg/L、4.59mg/L、2.11mg/L，较 2015 年分别下降 29%、50.2%、44.1%、47.5%，其中，十五里河、双桥河总氮浓度下降幅度较大。上述四条河流中，南淝河施口断面总氮浓度最大，年均值为 5.64mg/L，超标 4.64 倍。上述四河氨氮浓度分别为 1.67mg/L、0.75mg/L、1.18mg/L、0.36mg/L，较 2015 年分别下降 65.7%、87.2%、76.7%、86.2%，四条河流氨氮下降幅度均较大。从水质提升程度来看，双桥河、十五里河和派河氨氮浓度由劣 V 类好转为 Ⅱ 类、Ⅲ 类和 Ⅳ 类；南淝河氨氮浓度由劣 V 类提升至 V 类。上述四河总磷浓度分别为 0.198mg/L、0.159mg/L、0.152mg/L、0.066mg/L，较 2015 年分别下降 44.1%、75.5%、65.0%、68.0%，其中，十五里河、派河和双桥河总磷下降幅度最大。从水质提升程度来看，双桥河总磷浓度由劣 V 类好转为 Ⅳ 类；南淝河、十五里河和派河总磷浓度由劣 V 类好转为 V 类。

14.1.5 流域主要污染源情况

巢湖闸上的入湖污染排放对巢湖水质影响较大。据 2017 年统计,巢湖闸上共有 153 个入河排污口及分布广泛的流域面源。经污染源追溯分析,2015～2016 年入河污水排放量近 5 亿 m³,巢湖闸上主要污染指标年均入湖总量为:COD 55988t、氨氮 7817t、总氮(TN)16698t、总磷(TP)1197t。总体上看,南淝河、派河、十五里河等流经城区河道的单位面积污染强度最高。巢湖闸上 11 条主要入湖支流 COD、氨氮、总氮、总磷污染负荷汇总见表 14-3。

表 14-3 巢湖闸上主要支流入河污染负荷统计表

入湖支流	流域面积/km²	2015 年入湖量/t			
		COD	氨氮	TN	TP
南淝河	1464	25648	3622	5759	334.6
十五里河	111	3557	599.7	989.5	66.75
塘西河	50	1542	125.1	187.7	13.42
派河	585	9724	1367	2242	126.1
杭埠河	4246	7856	1446	6065	582.7
白石天河	577	1420	166.7	281.9	15.3
兆河	504	2306	191.3	669.4	22.04
双桥河	27	985	61.34	90.51	6.11
柘皋河	518	1305	170.4	255.6	19.82
鸡裕河	111	1136	38.5	99.3	6.10
炯炀河	70	509	28.87	58.10	4.47
总计	8263	55988	7817	16698	1197

注:其他入湖小支流污染负荷所占比例相对较小,暂未列入表格。
资料来源:《合肥市重点流域水生态环境保护"十四五"规划》。

14.2 治理历程及成效

14.2.1 富营养化历程

20 世纪 50～70 年代,生态破坏,闸口建设,导致巢湖水质恶化。中华人民共和国成立初期大量地开荒造田和经济建设,导致巢湖上游水土流失严重,污水收集处理设施的建设跟不上需求的增加,导致工业废水不断进入巢湖。60 年代建成的巢湖闸和裕溪闸阻断了巢湖和长江之间的自然水体交换,降低了水体自净能力。巢湖水质日趋恶化,蓝藻藻量每年成倍增加,70 年代就已呈现出明显的富营养化态势。

20 世纪 80 年代,巢湖水质不断恶化,成为典型的富营养化湖泊。入湖污染负荷快速增长,污水处理设施不到位,大量污水未经处理直接排入巢湖,巢湖水质进一步恶化。湖水水质已超出地表水Ⅳ类标准,总氮、总磷分别达到 1.68mg/L、0.127mg/L,全湖 73.3%左右的水域处于富营养化状态，26.4%的水域处于重度富营养化状态，0.3%的水域处于极富营养化状态。1963～1984 年的 22 年间全湖藻类平均生物量增加了 1124 倍，其中西半湖增幅达 3101 倍。

1990 年，巢湖成为中国污染最严重的湖泊。20 世纪 90 年代起，随着合肥经济的起飞，工业点源污染排放急剧增加和人口的机械化增长加速，巢湖水环境继续恶化。巢湖北岸丰富的磷矿资源被陆续开发，成为巢湖中磷的主要来源之一。巢湖水域蓝藻水华大规模暴发，每年 5～7 月湖内水藻泛滥成灾。1997 年巢湖湖区总体水质达劣 V 类标准，总磷、总氮严重超标，污染程度位列中国五大淡水湖之首。

2000 年后水质稍有好转，但仍然污染严重。经过十几年的大力治理，巢湖水质总体好转，综合营养状态指数呈下降趋势。目前巢湖整体仍呈富营养化状态。其中，西半湖水体仍为中度富营养化状态，水质为 V 类；东半湖水体为轻度富营养化状态，水质为 Ⅳ 类，水污染防治任务仍十分艰巨。同时有研究表明，流域内土地利用、水环境污染等因素继续加剧了巢湖湖滨带生态系统的衰退（张民和孔繁翔，2015）。

14.2.2　治理历程

1990～2000 年，着手治理，重点控制工业污染。"八五"期间安徽省对巢湖水环境污染防治的投入较少，到 20 世纪 90 年代巢湖全湖处于重度富营养化状态，才引起当地政府的高度重视，《巢湖流域"九五"水污染防治计划》计划投资 51.4 亿元进行巢湖水污染专项治理。该阶段以工业点源污染治理项目为主，配合一些污水处理厂和垃圾处理场建设、农业面源控制、底泥清淤和南淝河河道综合整治项目。由于项目前期规划科学性不足、进展缓慢及资金不到位等，投资实际完成率只有 45.6%。

2000 年至今，治理力度不断加大，治理手段逐步全面。"九五"以后，巢湖专项治理规划投资逐步大幅增加，"十五""十一五""十二五"期间巢湖水污染治理计划投资额大幅提高，分别计划投资 48.7 亿、70.8 亿、108.9 亿元人民币，其中，"十五"和"十一五"投资完成率相比"九五"也有所提高，分别达到 62.2%和 86.5%，说明规划项目的科学性越来越高。治理措施重点也随巢湖水环境和社会环境的变化而不断变化，区域综合整治、生态建设逐渐受到重视。2000～2003 年，合肥市的 GDP 增长率在 10%～13%，2004 年后其增长率基本保持在 15%以上，甚至超过 18%。而在此期间巢湖水体的氮、磷浓度呈现分段式的变化趋势，2000～2007 年，氮、磷浓度持续下降，这可能是由于"九五"和"十五"的持续投入使得巢湖的水质得到明显改善。但是 2008 年以后，巢湖的污染削减工作进入了平台期，水质改善效果并不明显，表明在合肥市经济快速发展的背景下，虽不断增加污染治理的投资，但原有的控制企业废水和生活污水直接入湖的治理方案已经无法满足进一步削减巢湖污染负荷的目的（鲁怡婧，2020；陈旭清等，2020；刘阳等，2021；宁成武等，2021）。

14.2.3　治理成效

1）水质和营养状态变化趋势

经过持续整理，巢湖治理取得阶段性成效，巢湖水安全、水生态、水环境得到明显改善。2012 年以来，在巢湖流域经济总量翻了两番、城镇人口增长近一倍的承载压力下，巢湖水安全、水生态、水环境得到明显改善。从近年来监测数据的统计结果来看，通过加强治污与保护，巢湖富营养化水平明显减轻；同 2012 年相比，2018 年巢湖湖区氨氮浓度下降 40%，化学需氧量浓度下降 36%。2020 年，东半湖巢湖船厂、东半湖湖心、黄麓、兆河入湖区四断面水质均为Ⅲ类，与 2015 年的Ⅳ或Ⅴ类相比均有所好转。西半湖的湖滨、新河入湖区、西半湖湖心断面水质分别为Ⅳ、Ⅲ、Ⅳ类，水质也有所好转。全湖平均水质连续两年（2019～2020 年）为Ⅳ类。2004～2006 年巢湖西半湖处于中度富营养化状态，东半湖处于轻度富营养化状态，全湖综合营养状态指数约为 60，富营养化状态总体较为严重。2015～2019 年，巢湖一直处于轻富营养化状态，综合营养状态指数均在 60 以下。

2）源的控制和入湖污染负荷控制方面

"十三五"期间，巢湖流域科学划定水环境保护区。2014 年，安徽省修订并实施的《巢湖流域水污染防治条例》规定，巢湖流域水环境实行三级保护。2017 年 12 月 30 日，《安徽省人民政府关于公布巢湖流域水环境保护区范围的通知》（皖政秘〔2017〕254 号）确定了巢湖流域水环境一、二、三级保护区范围。不同级别的保护区严格实施相应的保护措施。2017 年以来，巢湖流域水环境一级保护区内已完成了 239 个违法违规建设项目整治，有效推动了产业发展与生态环境保护、治理协调联动，促进了巢湖流域水环境质量改善。持续推进环巢湖生态保护与修复工程建设，以国家级巢湖生态文明先行示范区建设为统揽，大力实施环湖河流污染治理，环巢湖生态保护与修复工程一至六期顺利实施，建成生态湿地 6.2 万亩。贯彻落实中央"率先在长江流域水生生物保护区实现全面禁捕"要求，全面实施巢湖十年禁捕。深化巢湖流域重污染河流治污，印发实施南淝河、十五里河、派河、双桥河水质稳定提升方案，目前南淝河、派河、十五里河及双桥河四条重污染河流 39 项重点治理项目已完工 11 项，其余项目正在全面推进中，河道水质持续改善，十五里河、双桥河水质从劣Ⅴ类改善至Ⅲ类，派河从劣Ⅴ类改善至Ⅳ类，南淝河从劣Ⅴ类改善至Ⅴ类。深化农业面源污染管控，印发《巢湖流域农业面源污染防治实施方案》，推进农业产业结构调整、化肥农药减量增效、畜禽污染物治理、水产养殖污染防治、渔业船舶污染防治、秸秆综合利用、农村厕所垃圾污水治理"三大革命"等重点任务，农业面源污染防控取得显著成效。推进内源污染治理，首次开展巢湖底泥特性调查研究，调查了巢湖底质总氮、总磷、有机质及重金属含量空间分布情况及重金属变化趋势；启动巢湖生态清淤试点工程建设，完成南淝河、双桥河等入湖口清淤。

3）治理能力和基础设施能力建设方面

印发《合肥市巢湖蓝藻防控工作方案》及各年度关于做好巢湖蓝藻水华防控工作的通知等文件，明确各年度巢湖蓝藻防控的工作目标、工作范围以及重点任务，应急防控期间密切关注巢湖蓝藻卫星遥感监测与水质监测信息，及时开展蓝藻藻情巡查，及时启动应急防控红色预警，进一步强化蓝藻应急防控打捞，目前已形成较为成熟的岸基处理和水上移动处理相结合的蓝藻防控体系，初步建立了巢湖蓝藻监测预警应急体系及巢湖蓝藻防控工作考核机制。

4）水生态改善方面

推进环巢湖生态林带建设，以十五里河、南淝河、兆河等 33 条入湖河流、滩涂湿地为重点，打造环巢湖十大湿地建设，已获批合肥巢湖湖滨、肥西三河、巢湖半岛、包河派河口、巢湖槐林、巢湖柘皋河、肥东十八联圩湿地公园试点建设，肥东十八联圩湿地、巢湖半岛湿地正在加快建设中。随着环湖湿地的不断推进，巢湖生物多样性逐渐恢复，素有"鸟中国宝"之称的东方白鹳重现巢湖湿地。

5）水资源方面

全面落实最严格水资源管理制度。建立健全最严格水资源管理制度体系，考核实现全覆盖；建立水资源"三条红线"和"双控"指标体系，巢湖流域用水总量控制在 30.95 亿 m³以内，万元 GDP 用水量、万元工业增加值用水量分别比"十二五"下降 32.1%、44.4%。优化水资源调度，编制河湖水量分配方案。编制完成南淝河、窑河、庄墓河等河湖水量分配方案，制定河湖水量分配实施计划；加强河湖生态流量管控工作，建成南淝河一级支流自动流量监测站五个，落实南淝河、十五里河、杭埠河、董铺水库、大房郢水库、众兴水库等重点河湖生态流量水量管控措施，对目标任务进行分解，保障生态基流。在非常规水源利用方面积极推进，作为缺水型城市，合肥市秉持"开源节流"理念，积极探索开发"城市第二水源——再生水"的应用与推广，先后出台《合肥市再生水利用专项规划（2014—2020 年）》《合肥市再生水利用管理办法》《合肥市再生水价格管理暂行规定》等系列地方性法规及政策文件。截至 2020 年底，全市已建有塘西河、关镇河、小板桥河、许小河、环城水系、王建沟、方兴湖七处补水工程，配套建设再生水输配管网 48.2km，再生水回用率达 21%。

6）监管能力方面

水生态环境监测能力明显提升，建成 67 个水质自动站，其中，南淝河流域建设 23 个微型水质自动站；全市 241 家重点污染源安装 1499 台（套）自动监测设施并完成联网，建成 287 个智能远程视频监控点。环境督察工作机制初步建成，环境监察移动执法建设全部完成，市环境监管区域均纳入网格化监管，环境监管工作区域网格化建设体系全面铺开。成立环境应急管理中心，流域内环境应急预案体系初步形成。强化大数据智能化管理，相继建成由环境突发事故应急反应信息系统、移动执法系统、环巢湖水质监测应急指挥系统等数十个业务系统组成的智慧环保框架体系[①]。

14.3　富营养化控制与生态修复技术路线图

14.3.1　国家总体要求

生态优先，绿色发展。坚持绿色发展理念，尊重流域治理规律，注重保护与发展的协同性、联动性、整体性，从过度干预、过度利用向节约优先、自然恢复、休养生息转变，

---

① 引自《巢湖综合治理绿色发展总体规划（2018—2035 年）》。

以水定城、以水定地、以水定人、以水定产，促进经济社会发展与水资源、水环境承载能力相协调，以高水平保护引导推动高质量发展。

系统治理，协同推进。坚持山水林田湖草沙生命共同体理念，从流域生态系统整体性出发，以小流域综合治理为抓手，强化山水林田湖草沙等各种生态要素的系统治理、综合治理，以河湖为统领，统筹水环境、水生态、水资源，推动流域上、中、下游地区协同治理，统筹推进流域生态环境保护和高质量发展。

试点先行，稳步推进。以流域水环境综合治理与可持续发展试点为抓手，鼓励有条件的流域和地区先行先试，力争在若干难点和关键环节率先实现突破，带动水资源节约、水环境综合治理、水生态保护修复各项工作整体推进，创新水环境综合治理方式。

把沿岸保护治理作为湖泊水环境综合治理的重中之重，突出抓好大保护，严禁开展大开发，以"新三湖"（白洋淀、洱海、丹江口）、"老三湖"（太湖、巢湖、滇池）、洞庭湖、鄱阳湖、乌梁素海等为重点，因地制宜采取截污控源、生态扩容、科学调配、精准管控等措施，统筹推进污染防治与绿色发展[①]。

14.3.2　流域层面目标

围绕十九大报告描绘的到 21 世纪中叶战略安排，统筹兼顾、综合施策、近远结合、分步推进，合理安排 2020 年、2035 年阶段目标，确保到每一个时间节点的入湖污染总量只能减少不能增加、国控断面水质只能变好不能变差、河湖环境质量只能改善不能恶化、流域生态系统只能更优不能退化、人民幸福指数只能更高不能降低，努力打造安澜巢湖、健康巢湖、碧水巢湖、美丽巢湖新篇章，着力保护长江生态环境。

2020 年国控断面水质有序达标。基本补齐流域防洪短板，明显增强区域水资源调配能力，有效削减入河污染负荷，基本形成绿色发展格局，实现国控断面有序达标、河湖水质有效改善、湖区蓝藻管控有力、污水排放监管有方、入江水质稳中趋好，其中，至2022 年左右引江济淮工程实现正式通水后，巢湖水资源调配、水环境改善和水生态修复能力迎来重大拐点。

2035 年河湖水质实现根本好转。全面补齐流域防洪短板，显著增强区域水资源调配能力，入河污染负荷不超过河湖环境承载能力，基本形成高质量绿色发展模式和绿色生产生活方式，生态环境质量实现根本好转，入江水质保持良好，一湖碧水呈现在世人面前，美丽巢湖目标基本实现，不断为广大人民群众提供优美生活环境和更多优质生态产品。

14.3.3　差距分析

1. 水环境

1）巢湖水质未得到根本好转，水质波动较大，部分月份水质不达标

"十三五"期间，巢湖全湖水质虽由 V 类提升至 IV 类，由中度污染好转为轻度污染，

---

① 引自《"十四五"重点流域水环境综合治理规划》。

但巢湖水质，特别是西半湖水质受环湖支流水质、闸上流域降水量影响较大尚不稳定，所监测的总磷、总氮等指标均有超标，西半湖污染程度高于东半湖。巢湖水质变化趋势与湖区周边城市发展的进程出现一定的相关性，西半湖尤为明显。随着周边开发程度的提高，巢湖作为湖区周边人为活动的受纳体，水生态环境受到较大影响，导致入湖污染负荷长期超过湖泊环境容量。

2）巢湖氮磷污染问题突出

"十三五"期间，巢湖水质氮磷污染突出，超标因子主要为总磷和总氮。2016～2020年，巢湖全湖总磷最大超标倍数分别为 1.44 倍、2.38 倍、1.70 倍、1.40 倍和 0.32 倍；总氮最大超标倍数分别为 1.56 倍、1.73 倍、1.50 倍、0.55 倍和 0.36 倍。

2. 水资源

1）巢湖流域水资源相对不足，水质型缺水突出

巢湖流域人均水资源量占有量仅 469m³，与淮北地区大体相当，属典型的水资源短缺地区，当地可利用水资源先天不足。

2）河湖连通性差，水体自净能力下降，换水周期延长

1962 年巢湖闸建成后，巢湖由天然吞吐湖泊变为半封闭型水域，江水入湖水量由建闸前的年均 13.6 亿 m³ 减少到 1.6 亿 m³，湖体自净能力降低，水量更新周期延长，也阻隔了江湖洄游鱼类出入。

3. 水生态

1）巢湖湖滨带生态环境结构破坏、空间格局破碎化

由于围垦，巢湖面积由历史上 2000 多平方千米萎缩到今天 700 余平方千米。目前环湖圩垸面积不小于 250km²，沿湖圩堤长度 224km。湖区湿地斑块碎片化加强，生物迁移受到阻隔，湿地生态功能在不断下降。

2）湖泊生态系统退化严重，生物多样性衰退

通过比对 1980 年、2020 年巢湖水生生物调查结果发现，当前巢湖水生生物多样性严重衰退，水生生物群落各类群的种类较少，较历史数据大为减少，水生植物、浮游植物、底栖动物、鱼类等物种种类大幅下降，湿地生态功能退化明显。

从各水生生物物种组成来看，当前巢湖以人工种植的柳树群落和芦苇群落为主，沉水植物群落和浮叶植物群落已经全部消亡，水生植物覆盖度极低，退化极其严重；浮游植物以绿藻门为主，其次为蓝藻门、硅藻门，20 世纪 80 年代中期以后，浮游藻类数量呈 10 倍增加，尤其是夏季，藻密度处于较高水平（2020 年夏季达 2.0×10^8 cells/L），水华频发，微囊藻常为绝对优势种；浮游动物小型化明显，对藻类牧食作用下降；底栖动物以耐污性的寡毛和摇蚊为主，软体动物退化严重；洄游性鱼类急剧减少甚至消失，湖泊定居性鱼类趋于稳定，自然增殖鱼类"小型化""低龄化"现象十分突出。

3）流域水土流失严重，治理率低

根据《安徽省巢湖"一湖一策"实施方案》，巢湖流域内水土流失面积达 40%，年均

入湖泥沙 260 万 t，泥沙入湖携带氮 1000t、磷 600t 以上，导致上游大面积湖区变为浅滩，特别是湖区的东南和西南两线，已形成了"V"形大范围的泥沙淤积区，其面积约占整个湖面的 1/3，而流域内水土治理率仅为 1%。随着巢湖防浪堤的修建，湖岸带芦苇、防护林等生态屏障逐步消失，汛期崩岸严重，湖泊淤积和氮磷积累会进一步加剧。

4. 水环境风险

1）巢湖蓝藻尚未根除，藻类水华暴发风险仍然存在

巢湖是典型的大型浅水型湖泊、藻型浊水湖泊，目前水体营养仍处于较高水平，水华时有发生。2020 年巢湖全湖水质虽总体达到Ⅳ类，但冬春季蓝藻较往年更为严重。2020 年 1～3 月巢湖共出现鱼腥藻水华 7 次，最大面积为 302.86km²，达到巢湖总面积的 39.8%。夏秋季蓝藻形势依然严峻，4～10 月共出现蓝藻水华 50 次。

2）流域水环境风险仍呈高发态势

巢湖流域水污染风险源基数大，"重大"环境风险企业集中分布在合肥循环经济示范园、合肥新站综合开发试验区等园区，主要位于南淝河支流店埠河、二十埠河等流域范围内。庐江县矿产开发活动强度大，尾矿库数量多，含重金属污水排放、尾矿库渗滤液以及铅锌矿废渣、矾渣、磷石膏等风险因素众多，导致部分流域累积性风险防范压力大。此外，巢湖湖区底泥镉、汞等重金属污染程度较重，氮磷营养盐污染突出。

14.3.4 技术路线图

巢湖流域富营养化控制与生态修复技术路线图如图 14-2 所示。

1）综合治理目标

增强流域防洪能力。近期建成环巢湖防洪治理、南淝河左岸堤防加固、牛屯河分洪道扩大等防洪骨干工程，加快建设凤凰颈排洪泵站、杭埠河防洪治理等工程。至 2035 年前，合肥市中心城区防洪标准达到 100～200 年一遇，巢湖、肥西、肥东、庐江、舒城、无为等县市和省级及以上工业园区防洪标准达到 50～100 年一遇，其他建制镇及工业园区 20～50 年一遇，重点圩口 10～30 年一遇。

优化区域水源配置。近期建成驷马山灌区江水西引、龙河口水库城市供水、巢湖市第二水源三项供水骨干工程，加快建设引江济淮工程。至 2035 年前，持续推进灌区续建配套及节水改造，同时依托引江济淮工程条件，开展灌区水源置换和巢湖调水引流，增加城镇生活优质水源配置，促进湖区水环境改善和生态水位调控。按照农业用水负增长、工业用水微增长、生活用水慢增长的原则，确保流域用水总量控制在 59.20 亿 m³ 以内。

削减入湖污染负荷。近期城镇及乡镇生活污水集中处理率分别达到 95% 及 70%，省级及以上工业集聚区污水集中处理率 100%，规模养殖场粪污处理设施比例 95%。入河排污口整治完成率达到 100%，入河污染物较现状削减 10%～20%。至 2035 年，城镇生活和乡镇生活污水集中处理率分别达到 100% 和 90%，规模养殖场粪污处理设施比例 100%，

入河污染物不超过环境容量。

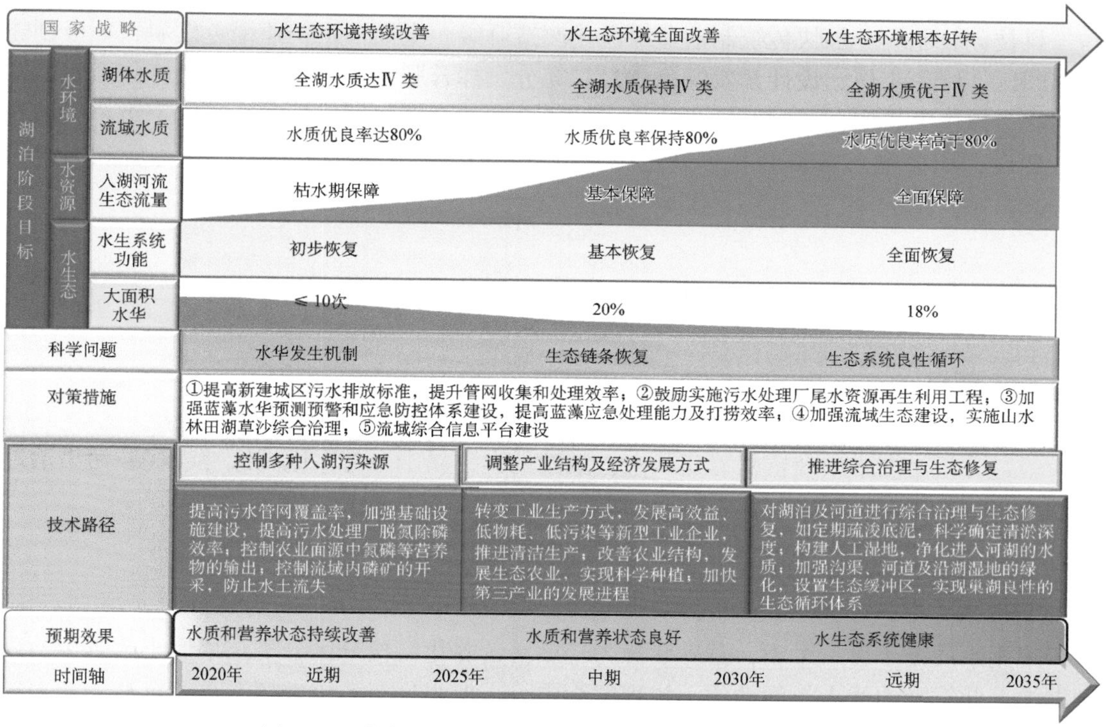

国家战略		水生态环境持续改善	水生态环境全面改善	水生态环境根本好转
湖泊阶段目标	水环境 湖体水质	全湖水质达Ⅳ类	全湖水质保持Ⅳ类	全湖水质优于Ⅳ类
	流域水质	水质优良率达80%	水质优良率保持80%	水质优良率高于80%
	水资源 入湖河流生态流量	枯水期保障	基本保障	全面保障
	水生态 水生系统功能	初步恢复	基本恢复	全面恢复
	大面积水华	≤10次	20%	18%
科学问题		水华发生机制	生态链条恢复	生态系统良性循环
对策措施		①提高新建城区污水排放标准，提升管网收集和处理效率；②鼓励实施污水处理厂尾水资源再生利用工程；③加强蓝藻水华预测预警和应急防控体系建设，提高蓝藻应急处理能力及打捞效率；④加强流域生态建设，实施山水林田湖沙综合治理；⑤流域综合信息平台建设		
技术路径		控制多种入湖污染源	调整产业结构及经济发展方式	推进综合治理与生态修复
		提高污水管网覆盖率，加强基础设施建设，提高污水处理厂脱氮除磷效率；控制农业面源中氮磷等营养物的输出；控制流域内磷矿的开采，防止水土流失	转变工业生产方式，发展高效益、低物料耗、低污染等新型工业企业，推进清洁生产；改善农业结构，发展生态农业，实现科学种植；加快第三产业的发展进程	对湖泊及河道进行综合治理与生态修复，划定期疏浚底泥，科学确定清淤深度；构建人工湿地，净化进入河湖的水质；加强沟渠、河道及沿湖湿地的绿化，设置生态缓冲区，实现巢湖良性的生态循环体系
预期效果		水质和营养状态持续改善	水质和营养状态良好	水生态系统健康
时间轴		2020年　近期　2025年	中期　2030年	远期　2035年

图 14-2　巢湖流域富营养化控制与生态修复技术路线图

2）生态保护目标

维护生物多样种群。依据划定的巢湖一、二、三级保护区，分类保护山体、森林、河口、湖库、岸线等重要生态斑块，修复江湖通道过鱼设施，大力开展湿地构建、水系连通、基流补充等生境营造，促进生物多样性和稳定性逐步提高。

促进河湖自我修复。利用驷马山灌区江水西引工程，相继补充和改善南淝河生态需水。依托引江济淮工程，修复江湖关系，实施调水引流，增强湖区自净能力，扩大河湖环境容量。优先保护滁河干渠、引江济淮、杭埠河等清流补水通道。

提升生态服务功能。持续开展水源涵养、水土保持、沟渠水网、梯级湿地和防护林带建设，依托引江济淮工程及凤凰颈排洪泵站，合理调控湖区生态水位，提升生态系统质量和生态服务功能，促进流域生态环境明显改善。

3）绿色发展目标

生态文明建设。以国家级巢湖生态文明先行示范区建设为统揽，完善巢湖流域综合治理体制机制，创新区域联动机制，优化生存、生活、生态、生产空间，推动绿色城乡、绿色产业、绿色生活相互融合，建设绿色发展美丽巢湖，探索形成区域生态文明建设的新思路、新模式、新举措，为我国大江大湖综合治理和区域可持续发展提供示范引领。

绿色低碳发展。大力倡导绿色生产方式和低碳生活方式，开展创建绿色家庭、绿色学校、绿色社区等行动，提倡绿色出行。统筹巢湖流域交通基础设施建设，打造衔接高效、安全便捷、绿色低碳的现代化综合交通体系。挖掘流域文化内涵,整合生态旅游资源,配套江淮运河旅游设施,打造以大湖、温泉、湿地、运河、古镇为特色的旅游线路。

科技创新驱动。加快传统制造业绿色化改造升级,全面推进工业绿色发展,积极创建绿色园区、绿色工厂,设计开发绿色产品。充分发挥合肥创新资源优势,实施创新驱动发展战略,以国家自主创新示范区为依托,加快合肥综合性国家科学中心和国家级合肥滨湖新区建设,积极融入G60科技创新走廊,打造具有国际影响力的科技创新走廊和大科学中心。

14.4 "十四五"富营养化控制与生态修复总体策略

14.4.1 分区分类分级

通过分析巢湖水质及富营养化状态,巢湖的类别属于东部平原湖区-浅水型-污染治理型湖泊。

14.4.2 分类策略

巢湖水质处于Ⅳ~Ⅴ类,营养状态为轻度富营养化,按分区分类结果属于改善+治理型湖泊。此类湖泊受人类活动的干扰程度为中等,但水生态系统破坏严重,抗冲击能力较差。针对此类湖泊,应通过控源减排严格控制营养盐的排放,同时进行生境改善,通过内源治理和入湖河道整治等,逐步促进水生态系统恢复。

控源减排方面:针对湖泊流域污染源实施经济可行的工程措施,包括对乡镇与村落的生活污染、农田面源污染、工业点源污染等进行治理,是减少流域污染物排放量、降低污染物入湖负荷极为重要、最直接、见效最快的措施手段。

生境改善方面:入湖河道治理及底泥环保疏浚等措施应适用于实施生态修复之前,为湖泊生物生长创造良好的条件。

入湖河道整治方面:针对入湖水质欠佳的河流,如派河、十五里河、南淝河、双桥河制订科学合理的水质达标方案。强化河道整治,减少河网污染物的囤积。修复受损河道生态结构与功能。在河流入湖口因地制宜建设人工湿地水质净化工程,截留与削减入湖污染负荷。

14.5 制约因素识别

14.5.1 水环境

1)入湖污染负荷长期超过湖泊环境容量

(1)城镇污水处理设施尾水输入强度大,对湖泊污染负荷高。"十一五"以来,巢湖流域经济社会高速发展，城镇化进程加快，城镇生活污水量同步增长。截至 2020 年底，巢湖流域已建成运行 25 座污水处理厂（含城区及县城建成区），污水设计总规模 248.5 万 t/d。其中，合肥中心城区污水年实际处理量 7.37 亿 t，尾水排放量 67286.44 万 t/a。其中，尾水排入南淝河的城镇污水处理设施（中心城区）8 个，废污水入河量为 41570.84 万 t/a；尾水排入派河的城镇污水处理设施（中心城区）3 座，废污水入河量为 15604.67 万 t/a；尾水排入十五里河的城镇污水处理设施（中心城区）3 座，废污水入河量为 9805.33 万 t/a。城镇污水处理厂尾水入河量占南淝河、派河年均径流的 50% 左右，占十五里河年均径流的 70% 以上，是旱季河流的主要径流来源，其尾水浓度高低直接决定了河道水质状况。目前，上述污水处理厂尾水虽执行《巢湖流域城镇污水处理厂和工业行业主要水污染物排放限值》（DB 34/2710—2016），但该标准各污染物排放浓度相当于《地表水环境质量标准》（GB 3838—2002）Ⅴ类或劣Ⅴ类，部分达到准Ⅳ类，仍远高于地表水Ⅲ类水质，严重影响湖区水质。

（2）农业面源污染突出。湖区受农业面源污染影响较大，主要表现在农村生活污水、垃圾、养殖、农业生产等环节，污染防治普遍薄弱，长期累积的农村污染负荷分布广、存量大。①环湖村镇污水尚未高效收集，农村生活污水集中处理率总体偏低，已建污水处理设施进水浓度低，乡镇污水处理厂尾水深度处理或利用率低；②沿湖种植业结构生态优先调整不够，沿湖水产养殖功能区尚未划定；③环湖农田径流污染与坑塘水产养殖污染未得到有效治理，农田及坑塘退水水质轻度污染，循环利用率低，化肥农药等农业投入品使用量及流失量依然较大。加之巢湖沿湖周边农田圩区较多，农村生活污水及废弃垃圾和农田流失化肥农药长期积聚或浸泡在水流不畅的沟塘水网内堆积发酵，并最终随涝水排入湖内。

2）内源及区域背景导致氮磷污染负荷高

（1）内源污染负荷严重。根据《巢湖生态环境质量调查评估报告》，2020 年巢湖流域总氮和总磷含量较高，经调查表层沉积物总氮含量整体介于 390～2160mg/kg，平均值为 1420mg/kg；总磷含量为 110～1230mg/kg，平均值为 480mg/kg。从分布上来看，西半湖沉积物总氮和总磷含量整体高于东半湖。

（2）巢湖北岸分布约 500km² 富磷地层，暴雨期间面源大量释放。巢湖上游为地形起伏的富磷高氮江淮丘陵区，周边为 600 万亩的农业灌区，受降水水力驱动和灌溉尾水回归等影响，药肥流失、土壤侵蚀、内源释放等流域本底内外污染源贡献多，其中 COD 贡献 25%，氨氮和总氮贡献约 40%，总磷贡献近 60%。

14.5.2　水资源

1）水资源量先天不足

巢湖流域河流主要发源于江淮分水岭南侧，河道源短水少，地表水资源相对不足，地下水资源较少，加之巢湖及部分河流水质污染，且巢湖存在富营养化及蓝藻暴发风险，影响流域周边城镇居民用水安全，呈现水质型缺水的趋势，特别是城镇清洁饮用水源匮乏。

2）闸坝的建设阻断水力流通

自控制巢湖的巢湖闸和控制裕溪河的裕溪闸建成后，巢湖水位波动发生很大变化，自然的水文和水动力过程发生改变，冬春季节（1～3月）巢湖一直保持较高水位，而4～6月随着湖区工业和农业用水量的增加以及防洪需要，巢湖水位反而逐渐下降，这种水位波动模式刚好与自然情况完全相反，使得水生植物萌发期（2～3月）和快速生长期（4～6月）的水位需求得不到满足，鱼类洄游产卵、发育条件因闸坝阻隔而遭到破坏，水体流通性变差，水体自我净化功能也随之变弱，生态系统功能受损。加之，巢湖闸建成后延长了江湖水体的交换时间，巢湖换水周期延长至210.4天（引自《我国主要的湖泊换水周期》），江湖水量交换量减少，入湖污染物中的氮、磷极易在湖中滞留，造成其在湖中积累，加速了巢湖富营养化进程。

14.5.3 水生态

1）湿地功能下降

合肥市属于典型的缺水型城市，其地处江淮丘陵，河流源短流急，加之区域水资源开发利用程度较高，河流生态水量不足。巢湖环湖区内围河围湖造田，切断了原有水力联系，使大量滩涂、沼泽萎缩消亡；城镇建设和农业过度开发挤占了湖滨大量生态空间，生态屏障功能逐渐薄弱，湿地、林地、生态廊道零散破碎，堤岸芦苇和防浪林等植物屏障丧失。

2）生物多样性下降

近年来，受污染排放、水土流失、水文条件变化（闸坝建立）、渔业捕捞及洪水灾害等一系列人为及自然活动影响，环湖湿地及湖泊生态系统受干扰愈加强烈，巢湖水生生物群落结构发生了重大转变，生物多样性明显下降。

3）水土保持能力薄弱

巢湖环湖岸线多为滩涂类型的坡岗地，植被类型单一，部分岸线植被受损严重，汛期水土流失严重。加之流域内农业用地比例大，林草地面积小，不成系统，较为破碎，水土保持能力薄弱。

14.6 污染物总量控制研究

14.6.1 污染物排放量预测

1. 系统动力学系统构建

依托系统分析，采用综合与推理、定性与定量相结合的方法，通过功能与结构模拟来进行模型模拟构建系统动力学模型。在承载力计算过程中，构建人口子系统、经济社会子系统、水资源子系统及水环境污染子系统，通过对上述县域水资源承载力预测模型的运行，得到预测年份流域水资源承载力系统中主要指标（总人口、COD 入河量、氨氮入河量）的变化趋势以及水质要素的承载状态值，将模型合成得到巢湖流域水资源承载力量质要素预测模型。

1）人口子系统

人口子系统中有两个重要变量，即居民总人口和城镇化率。城镇化影响着产业结构的演变，是区域经济发展不可或缺的一个衡量标准；居民总人口既决定着总就业人口，也影响着居民生活用水量变化，对产业结构和用水结构等都起着举足轻重的作用。因此，居民总人口和城镇化率对于模型构建不可或缺。

2）经济社会子系统

经济社会子系统中，主要指标为第一产业、第二产业、第三产业等，并以增加值作为参考，本书中主要考虑工业水污染物排放量。预测污染物包括 COD、NH_3-N。对于工业废水和污染物的排放量预测影响参数变量，选取工业产值增长率、废水处理率、污染物产生系数、污染物去除率四个参数。

3）水环境污染子系统

水环境污染源主要有点源污染和面源污染。点源污染主要来源于工业废水排放和城镇生活污水排放；面源污染主要来源于农田化肥流失、农村生活污水排放、畜禽养殖和水产养殖污染物排放等。一般情况下，污染源 COD、氨氮排放量越大，说明水体污染越严重。

4）流域水环境承载力模型

通过对上述水资源承载力预测模型的运行，得到预测年份流域水资源承载力系统中主要指标（总人口、COD 入湖量、氨氮入湖量）的变化趋势以及水质要素的承载状态值（图 14-3）。

2. 预测结果

通过《安徽统计年鉴》（2010～2021 年）、《第一次全国污染源普查农业污染源肥料流失系数手册》、《第一次全国污染源普查畜禽养殖业产排污系数及排污系数手册》、《第二次全国污染源普查产排污系数手册：生活源》和《第一次全国污染源普查水产养殖业污染源产排污系数手册》等相关资料收集，使用模型进行污染物入湖量预测。

1）人口

巢湖流域总人口为增加趋势，人口增长幅度较为平稳，在本次模拟过程中按照 15‰ 的人口增长速率进行模拟，2025 年人口将达到 1.0×10^7 人，2035 年人口将达到 1.17×10^7 人（图 14-4）。

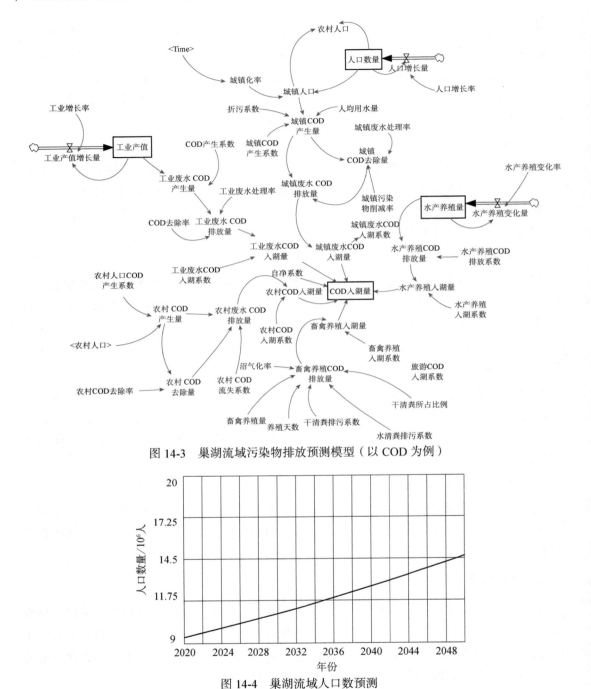

图 14-3 巢湖流域污染物排放预测模型（以 COD 为例）

图 14-4 巢湖流域人口数预测

2）主要污染物排放量预测

使用动力学模型对入湖污染负荷进行预测（图 14-5 和图 14-6），2025 年 COD 入湖量 5850.78t，氨氮入湖量为 1913.21t；2035 年 COD 入湖量可达 10472.8t；氨氮入湖量为 2773.68t。

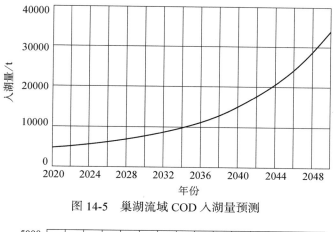

图 14-5　巢湖流域 COD 入湖量预测

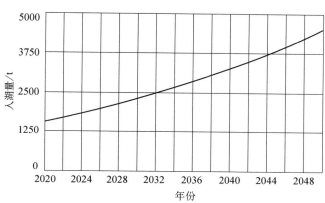

图 14-6　巢湖流域氨氮入湖量预测

14.6.2　巢湖水环境容量核算

在设计水文条件下，结合湖泊水质规划目标，通过合适的水质模型进行反推计算得出水环境容量。

1. 基本资料收集

数学模型计算湖泊环境容量的基本资料应包括水文资料、水质资料、排污口资料、库周入流和出流的水量水质资料、湖泊水下地形资料等。

水文资料包括湖泊水位、库容曲线、流速、入湖流量和出湖流量等。水质资料包括反映湖泊（水库）水功能区的水质现状、水质目标等。入湖（库）排污口资料包括排污口分布、排放量、污染物浓度、排放方式、排放规律以及入湖（库）排污口所对应的污染源资料等。湖（库）周入流、出流资料包括湖泊（水库）入流和出流位置、水量、污染物种类及浓度等。湖泊（水库）水下地形资料应能够反映湖泊（水库）简要地形现状（谢森，2010）。

2. 污染物确定

根据流域或区域规划要求，以规划管理目标所确定的污染物作为计算湖泊流域环境容量的污染物。根据湖泊污染物特性及流域特征，应以影响湖水水质的主要污染物作为计算流域环境容量的污染物。根据污染负荷的预测结果，对巢湖 COD 和氨氮的容量进行计算。

3. 设计水文条件

采用近 10 年最低月平均水位或 90%保证率最枯月平均水位相应的蓄水量作为设计水量。

4. 模型选择

1）氨氮水环境容量计算

巢湖的综合营养状态指数大于 50，宜采用狄龙模型计算流域环境容量。狄龙模型的计算公式如下。

狄龙模型：

$$C = \frac{L(1-R)}{\overline{Z}(Q_\lambda / V)}$$

水环境容量模型为

$$L_s = \frac{\overline{Z}C_s(Q_\lambda / V)}{1-R}$$

$$M_N = L_s \times A$$

式中，L 为氨氮单位允许负荷量，g/（m²·a）；C_s 为氨氮的水环境质量标准，mg/L；C 为湖中氨氮平均浓度，mg/L；$\overline{Z}$ 为平均水深，m；R 为氨氮的滞留系数，1/a；Q_λ 为年入湖水量，m³/a；V 为湖泊容积，m³；L_s 为湖泊氨氮为水环境质量标准时对应的氨氮负荷量，g/（m²·a）；A 为湖泊面积，m²；M_N 为湖泊氨氮的水环境容量，t/a。

2）COD 容量计算

由于湖泊水体停留时间较长，水质基本处于稳定状态，在绝大多数情况下，湖泊都可以视为"混合反应器"，可以采用有机物的水环境容量模型进行计算。

$$V\frac{dC}{dt} = Q \times C_r - K \times C \times C_c - q$$

式中，V 为湖泊的体积，m³；Q 为入湖水量，m³/d；q 为出湖水量，m³/d；K 为污染物生化降解系数，d⁻¹；C_r 为入湖水中污染物平均浓度，mg/L；C_c 为出湖水中的污染物平均浓度，mg/L；C 为湖泊中污染物平均浓度，mg/L。

当把湖泊看成是一个稳态系统时，dc/dt=0，则

$$Q \times C_r = -K \times C \times V - q \times C_c$$

当 $C = C_s = C_c$ 时，即湖泊中污染物浓度达到规定的水质标准时，

$$Q \times C_r = K \times C_s - q \times C_s$$

$$L_c = \frac{Q \times C_r}{A} = \frac{q \times C_s}{A}$$

$$\frac{K \times V \times C_s}{A} = K \times H \times C_s$$

$$L_c = K \times H \times C_s + \frac{q \times C_s}{A}$$

式中，L_c 为湖泊单位面积污染物的允许负荷量，g/（m²·d）；C_s 为污染物的水质标准，mg/L；H 为湖泊平均水深，m；A 为湖泊水面面积，m²；COD 降解系数 K=0.1/d。

5. 容量计算结果

在 90%水文保证率条件下，通过上面两个水质模型的计算，并与现状污染物入湖量进行对比，得出水环境容量结果（表 14-4）。

表 14-4　各水质标准下污染物水环境容量

水质标准	氨氮水环境容量/（t/a）	COD 水环境容量/（t/a）
Ⅲ	1302.298	116141.18
Ⅳ	1367.412	174211.76
Ⅴ	2604.596	232282.35

14.6.3　污染物总量削减目标

按照巢湖技术路线图的总体要求，全湖水质在 2025～2035 年均应达到Ⅳ类水质的要求，在此水质目标的情况下，氨氮的水环境容量为 1367.412t/a，COD 的水环境容量为 174211.76t/a。按照环境容量及排放量情况，2025 年氨氮削减量应达到 545.8t/a；2035 年氨氮应削减 1406.27t/a，COD 由于仍有部分余量，因此不需要削减（表 14-5）。

表 14-5　水污染物削减需求

Ⅳ类水标准对应水环境容量		氨氮/（t/a）	COD/（t/a）
		1367.412	174211.76
入湖量预测	2025 年	1913.21	5850.78
	2035 年	2773.68	10472.8
削减量	2025 年	545.8	不需削减
	2035 年	1406.27	不需削减

14.7　重点任务

14.7.1　优化空间管控

落实巢湖岸线功能区管控要求。根据《巢湖岸线保护与利用规划》（修订稿）岸线功能区划分成果，环湖岸线功能区分为岸线保护区、岸线保留区、岸线控制利用区和岸线开发利用区。综合各功能区划分的保护目标，实现沿湖沿线资源分类分区管控。

岸线保护区管控要求。对于为保障防洪安全和岸坡稳定而划定的岸线保护区，以及为保护重要水利枢纽工程和重要引调水口门而划定的岸线保护区，禁止影响水利枢纽工程正常运行和引调水口门正常运用的岸线利用行为。对于为保障供水安全而划定的岸线保护区，禁止建设影响水资源保护的工业码头、危险品码头、排污口、电站排水口等。根据国家级风景名胜区以及湿地公园、森林公园管理要求而划定的岸线保护区，原则上禁止建设与保护目标不一致的生产设施。

岸线保留区管控要求。除防洪工程、岸坡控制工程、水资源利用工程、公共管理码头外，禁止建设其他岸线利用项目。确需建设的国家重点项目，经分析论证并经有关部门审批同意后方可实施。对于因城市景观、休闲广场、生态公园、城镇风光带等特定目标而划定的保留区，不得建设工业港口、货运码头等生产设施。

岸线控制利用区管控要求。严格控制改变现有自然形态和影响巢湖生态功能的开发利用，鼓励开展提升湖岸带资源价值和恢复湖岸带生态功能的整治修复活动。严禁违反相关法律法规的岸线利用行为，对布局不合理的开发利用项目依法进行调整。

优化巢湖流域水环境一级保护区空间调控。合理优化巢湖流域一级保护区内城镇空间、农业空间和生态空间，加强沿湖1km范围内陆域岸带空间分区管控，建立城镇建设空间、村庄建设空间、农业空间和生态空间四类空间管控体系。

建立巢湖流域生态环境准入清单。加快落实长江经济带战略环评合肥市"三线一单"划定成果，建立巢湖流域生态环境准入清单，按照空间布局约束、污染物排放管控、环境风险防控、资源开发利用效率要求四个维度，衔接《巢湖流域水污染防治条例》《巢湖综合治理攻坚战实施方案》《关于建设绿色发展美丽巢湖的意见》等文件，针对性提出生态环境准入要求。

14.7.2 优化水资源调配体系

优化区域水资源配置。依托"利用皖江、沟通皖中、置换皖西、改善皖东、配置皖北"的全省水资源配置战略，构建合肥市"一河五渠、两湖三库"的水资源调配骨干工程体系，实现"江、巢、滁、淮"四水互济的水资源配置总体格局。

推进水系连通生态补水工程。实行"优水生活、湖水生产、流水生态、江水补源"的水资源配置策略，缓解水质型缺水难题，稳步推进"引江济淮"二期工程、巢湖西部地区畅通水网工程、巢湖入湖一级重要支流流域内水系畅通工程、南淝河生态补水工程和十五里河上游生态补水工程。

加强再生水资源生态调度管理。依托中心城区再生水系统分区，合理规划布局再生水处理与配套设施。结合河道沿岸闸坝设置位置、上游支流汇入口位置、污水处理厂尾水排放点、河道水功能区划等特性，利用再生水优化配置生态补水方案。科学确定南淝河、十五里河、派河、二十埠河、板桥河等河道区段生态需水量，对于不满足生态需水量的河段，根据水量缺口，适当调配邻近污水处理厂尾水，合理确定最优补水点。"十四五"期间，重点实施十五里河、经开区、望塘、朱砖井污水处理厂再生水供水系统建设工程，新增再生水利用规模 30 万 t/d。实施长岗污水处理厂、西部组团污水处理厂以及庐江县盛桥污水处理厂等中水利用工程。

加强巢湖生态水位调控。结合引江济淮工程建设，研究实施基于水生植物恢复需求的巢湖生态水位调控，兼顾防洪、灌溉、航运等多重需求。重点根据水生生物生活史习性及其对水文条件的需求，科学制定巢湖生态水位调控方案，为全湖水生植物萌发、鱼类洄游产卵等提供水文条件。

14.7.3　持续改善水环境质量

整治"点源"污染。补齐城乡污水处理设施短板，全面加强城镇污水收集处理设施建设与改造。到 2025 年，污水处理能力达 340 万 t/d，新建城市雨污管网 1500km。重点推进南淝河流域城镇污水处理厂进一步提标改造，削减总氮、总磷污染物排放量。加强巢湖流域西北区城镇生活溢流污染治理，排查、完善污水管网，开展雨污分流和合流制管网截流改造，实施雨季溢流点"一点一策"综合整治，确保城市污水处理厂进水 COD 浓度均值不低于 200mg/L。

整治"线源"污染。统筹推进巢湖流域"九进一出"河流综合治理，加强南淝河、派河等污染河流整治，巩固十五里河治理成果。以实现南淝河水质"长治久清"为总体目标，推进南淝河流域雨污分流排查整治、南淝河初期雨水截流调蓄、二十埠河初期雨水调蓄等工程，加快王建沟上游生态修复、四里河水体达标整治、板桥河西支治理、店埠河流域水环境治理等工程，加快建设钟油坊污水处理厂、张洼污水处理厂、小仓房污水处理厂四期等工程，启动城区老旧管网改造修复、板桥河西支初期雨水污染治理、滨湖卓越城水生态治理等工程。实施派河治理攻坚行动，以流域城镇生活污染治理为突破口，加快经开区污水处理厂四期、西部组团污水处理厂二期、西部新城污水处理厂、中派污水处理厂扩建等项目建设，完成北涝圩污水处理厂提标改造，提升城市污水处理能力；重点实施引江济淮工程（安徽段）派河截污导流水质保护工程，将派河沿线的经开区污水处理厂、小庙污水处理厂、西部组团污水处理厂及中派污水处理厂四座污水处理厂再生水截流，通过管道分别输送至西泊圩湿地、九联圩湿地净化后排入巢湖，近期处理污水处理厂尾水 100 万 t/d，远期尾水处理能力 150 万 t/d，减轻巢湖污染负荷。重点推进十五里河流域治理一期工程，加快管网溯源调查与管网混接改造、初期雨水调蓄、底泥修复、上游河道生态补水等子工程建设，加快建设十五里河污水处理厂四期工程，完成塘西河再生水厂提标改造，推动希望桥断面稳定达标。加强杭埠河、丰乐河等清水廊道保护，突出抓好兆河、白石天河、柘皋河等水质稳定达标。到 2025 年，巢湖流域国控断面稳定达标，水质优良率达到 84%。

整治"面源"污染。推进巢湖流域粮食产业绿色发展，主推优质稻、绿肥为主的种植模式，持续推动流域农业种植结构调整。控制巢湖流域化肥施用强度，构建种植-养殖的循环体系，力争巢湖流域水环境一级保护区耕地化肥农药 2021 年实现"零增长"、2022 年起"负增长"。加大巢湖流域西北区南淝河、派河流域畜禽养殖污染治理，流域内禁止新建、扩建畜禽养殖场。推广稻渔综合种养、工厂化循环水养殖、标准化池塘循环流水养殖等绿色养殖模式，实施规模以上设施化养殖场尾水治理，实现达标排放或循环使用。加强沿湖圩区农田尾水循环利用，试点建设农业尾水排涝泵站前置处理区，利用沟塘湿地等净化措施，拦截入湖污染负荷。"十四五"期间，重点实施炀炀河流域氮磷控制示范工程，探索建立健全环巢湖流域农业面源污染监测体系，建设农业面源污染监测"一张网"。

整治"内源"污染。开展入湖河流河口、巢湖重点水域底泥清淤，加快实施巢湖生态清淤试点工程，完成南淝河、塘西河河口底泥清淤。充分利用巢湖底泥调查成果，开展巢湖西半湖支流河口底泥清淤，陆续推进杭埠河口、渡江战役纪念馆前巢湖水域及其他主要入湖河流河口等区域清淤。

14.7.4 系统实施水生态保护修复

加强巢湖湿地生态修复。推进巢湖流域水环境一级保护区退耕还湿还草、退塘还湿，释放沿湖生态空间。加速推进环巢湖生态保护与修复工程建设。加快环湖十大湿地建设，初步构建巢湖湿地生态屏障，创建国际湿地城市。在河口和滨湖地区，结合污水处理厂尾水深度净化工程，重点建设南淝河、派河、十五里河、塘西河、白石天河、炀炀河等河口湿地。在支流入干流口、河湖入口等关键节点，开展人工湿地建设，重点实施南淝河-二十埠河下游交叉口湿地、店埠河下游左岸仙临区湿地、柘皋河入湖口湿地以及杭埠河、丰乐河、小南河三河湿地等工程。在市域和农村，分别建设雨水调蓄型湿地和沟渠河塘湿地。通过构建梯级湿地系统，最大限度营造生物多样性和削减入湖污染物。

加快推进环湖矿山修复。以巢湖市石灰石矿，庐江县铁矿、矾矿等矿山为重点，推进环巢湖周边废弃矿山污染防治与生态修复。对开矿过程产生的山体裸露面进行自然恢复和人工植被修复，增加山坡植被覆盖度，恢复山地林区水源涵养功能。在裸露坡面底部蓄水拦截矿区径流，避免高浓度污水直接排放进入河道。到2025年底前，基本完成环湖废弃矿山治理修复。

加强富磷地带水土保持。持续推进巢湖北岸水土保持，修复富磷地带植被，实施生态清洁小流域建设，构建表土覆绿、水土保持、沟渠拦截、植物吸收、溢流调蓄和渗流净化等水土保持措施体系。

强化重要水源涵养区保护修复。以大别山水源涵养区、南淝河源头、派河源头等水源涵养区域为重点，完善龙河口水库、董铺水库、大房郢水库、梅冲水库、大官塘水库、蔡塘水库、张桥水库、众兴水库等水源地周边水源涵养林建设，推动缓冲区内养殖业全部退出。在保障水库周边基本农田、耕地红线的前提下，逐步、适当清退农用地，恢复水源涵养林。

加强引江济淮、干渠清水廊道保护。重点实施引江济淮清水廊道保护，开展沿线治污、黄陂湖出口控污、白石天河口蓝藻防控、派河截污及派河口湿地净化等综合治理。加强干渠清水廊道保护，结合淠河总干渠、滁河干渠、潜南干渠、瓦东干渠和舒庐干渠各段所处的水系分布特征、地形地貌特点及周边环境需求等，形成"五渠两岸多点"的生态格局。实施兆河、盛桥河、白石天河、板桥河等一批输水通道支流生态环境整治与清洁小流域建设工程，加强小流域水源涵养林建设、梯级旁侧湿地建设以及生态护坡建设。

实施河湖生态缓冲带建设。创新实施河湖生态缓冲带试点建设，制定出台生态缓冲带管控制度，探索区域生态治理新模式。加强滨河湖带生态修复，在巢湖流域一、二级保护区之间规划建设环湖林带，恢复环湖浅水区植物群落，构建城市与湖区生态缓冲区；推进南淝河、十五里河、盛桥河、四里河等河流生态缓冲带建设，截留、净化城市径流与农业农村面源污染。远期逐步在农业面源污染突出且自然岸线保有率较低的杭埠河、白石天河、兆河等河流沿岸，开展生态缓冲带建设。

推进巢湖水生生物完整性恢复。依托巢湖生物资源调查及生态修复示范工程，全面开展巢湖水生态本底调查及生态完整性评估，摸清巢湖生态本底状况。全面落实长江十年禁渔，巩固巢湖禁捕退捕成果，积极推动渔业资源休养生息。改造修复巢湖闸、裕溪闸、兆河闸过鱼设施，恢复鱼类洄游通道，保护鱼类产卵场、索饵场、越冬场。开展巢湖水生态系统调控，在精准诊断的基础上，找准关键症结，持续开展鱼类种群调控工作，增加土著鱼类数量，降低入侵种比例，优化巢湖鱼类种群结构，增强系统控制力与稳定性；实施巢湖重点水域水生植物恢复，基于南淝河支流及渡江战役纪念馆前巢湖水域水草种植试点成果，扩大水草种植范围，分区分批加快开展不同层级水生植物种植试验工作，重构健康的水域生态系统，逐步实现"有河有水，有鱼有草"。到 2025 年，巢湖水生生物完整性指数稳中有升，重现土著鱼类银鲴及水生植物轮叶黑藻。

强化巢湖富营养化与蓝藻防控。加强巢湖蓝藻水华暴发及水生植被退化研究，探索应用鱼类控藻技术。全面推进巢湖流域水环境一级保护区退耕还湖、退渔还湖、退塘还湖，建立生物调控、拦截打捞、生态修复、生态调度等水华综合防控措施。针对越冬蓝藻复苏、春季生长、上浮聚集、水华形成与漂移、春夏秋大量暴发、秋季凋亡下沉以及冬季沉底休眠的全过程，通过采取消除蓝藻种源、沉积物覆盖与钝化削减营养及阻止蓝藻上浮生长、蓝藻快速生长期控制等工程措施，建立巢湖蓝藻水华全过程控制体系。到 2025 年，巢湖综合营养状态指数较 2020 年下降 10%。

统筹推进流域"山水林田湖草沙"生命共同体保护与修复。围绕"一湖两带八区"流域生态修复单元，重点实施修山育林、节水养田、治河清源、修复湿地、休渔养湖、空间管控、乡村整治、智慧监管等措施，提升流域生态系统多样性、稳定性，将巢湖流域建设成湖泊型流域一体化保护和修复样板，打造成长江中下游的重要生态屏障。

14.8　适用技术推荐

根据巢湖目前的水环境质量状况，其分类属于改善+治理型湖泊，针对此类湖泊，应通过控源减排严格控制营养盐的排放，同时进行生境改善，通过内源治理和入湖河道整治等，逐步促进水生态系统恢复。

1）控源减排

在控源减排方面主要针对工业污染源、城镇生活源、种植业、养殖业污染源及农村生活源进行治理，根据实际情况推荐以下治理技术。城镇生活源控制方面的技术有：老城区滨河带适宜性真空截污技术。种植业、养殖业污染源控制方面的技术有：基于农田养分控流失产品应用为主体的农田氮磷流失污染控制技术；农业结构调整下新型都市农业面源污染综合控制技术；富磷区面源污染防渗型收集与再削减技术；农田排水污染物三段式全过程拦截净化技术；生态沟渠技术；规模化果园面源污染防治集成技术；大面积连片、多类型种植业镶嵌的农田面源控污减排技术；基于稻作制农田消纳的氮磷污染阻控技术；农田退水污染控制技术；农业退水污染防控生态沟渠系统及构建方法；生态农田构建技术；坡耕地种植结构与肥料结构调控技术等。农村生活源控制技术包括粪便无害化快速堆肥与污水深度净化组合处理技术等。

2）生境改善

生境改善适用于实施生态修复之前，为生物生长创造良好的条件。包括入湖河道治理及污染底泥环保疏浚、蓝藻水华打捞技术等。

其中，入湖河道治理技术包括：圩区沟塘系统环境友好模式构建技术；陆向湖滨带生态修复与入湖污染处理技术；湖盆消落带湿地构建及水质改善技术；削减湖滨退耕区土壤存量污染负荷的生物群落构建技术；缓冲带滞留型湿地与土地处理技术；缓坡消落带生态保护与污染负荷削减技术；陡坡消落带生态防护及减污截污技术；河道旁路人工构造湿地净化技术；入湖河流原位及异位湿地生态修复技术；河口沟-塘-表生态湿地构建技术；入湖河口湿地生态重建技术；入湖口导流、水力调控与强化净化技术等。

污染底泥环保疏浚技术包括：内源磷原位固化稳定化技术；基于水生植物修复的泥源内负荷综合控制技术；底泥原位钝化控磷技术等。

蓝藻水华打捞技术包括：蓝藻水华拦截与高效机械除藻技术；大型仿生式水面蓝藻清除技术；藻类生物控制与水华应急处置整装技术；基于微藻去除的水体透明度快速提高技术；针对富营养化湖泊内源污染的生态控藻除磷技术；削盐-控藻-碎屑生物链联合调控富营养化技术等。

第 15 章 滇池富营养化控制与生态修复技术路线图及分类指导方案

15.1 滇池流域概况

15.1.1 自然环境概况

1）地理位置及行政区划

滇池流域位于云贵高原中部，102°36′E～102°47′E，24°40′N～25°02′N，地处长江、珠江和红河三大水系分水岭地带。流域南北长 114km，东西平均宽 25.6km，涉及昆明市五华区、盘龙区、官渡区、西山区、呈贡区以及晋宁区（图 15-1）。

图 15-1 滇池流域行政区划图

2）地形地貌

滇池流域南北长、东西窄，流域面积 2920km²，其中山地丘陵占 69.5%，平原占 20.2%，滇池水域占 10.3%。滇池流域地形为北高南低，南北向狭长的山间盆地地形。受地质构造及地质外营力长期作用，形成了以滇池为中心，南、北、东三面宽，西面窄的不对称阶梯地貌形态。按成因、形态、相对高度和绝对高度划分为山地、台地及平原。流域处于断裂构造活动地带，岩溶水丰富，边缘山区补给盆地。

3）气象气候

滇池流域处于北亚热带，是典型的高原季风气候区。夏秋季主要受来自印度洋孟加拉湾的西南暖湿气流及北部湾的东南暖湿气流控制，每年 5～10 月构成全年的雨季，湿热、多雨；冬春季则受来自北方干燥大陆季风控制，但受东北面乌蒙山脉屏障作用，区域天气晴朗，降水量减少，日照充足，湿度小，风速大。流域多年平均气温 14.7℃，平均日照 2448.7h，无霜期 227h，多年平均降水量 890.1mm[①]。

15.1.2 流域水系概况

滇池属长江流域金沙江水系，是云贵高原湖面最大的淡水湖泊，滇池湖面面积约 309km²，流域面积 2920km²（图 15-2），湖面多年平均降水 917.93mm，蒸发量 1426mm。自 1998 年修建了船闸以后就被分割为既相互联系，但又几乎互不交换的草海、外海两部分。流域内共有 35 条主要入湖河流和七个集中式饮用水源地。流域水系呈不对称发育，主要入湖河流有盘龙江、宝象河、马料河、洛龙河、捞鱼河、梁王河、大河、柴河、东大河、古城河、运粮河和新河等 35 条。滇池湖体在 1887.5m 正常高水位下，平均水深 5.1m，湖水面积为 309.5km²，蓄水量 15.6 亿 m³。多年平均水资源量 9.7 亿 m³，扣除多年平均蒸发量 4.4 亿 m³，流域多年平均实有水资源量 5.3 亿 m³。流域内地下水水位较高，主要是浅层地下水，为孔隙水，孔隙水埋藏浅，与地表水交换密切。滇池流域属水资源缺少地区，且年际变化大，存在连续丰水、连续枯水长周期变化的特点，因此，从 2014 年开始实施牛栏江-滇池补水工程，2017 年补水量 6.04 亿 m³。滇池流域是昆明主城所在地，人口密集、经济发达，流域人均水资源量不足 200m³/人，仅为全国平均数的 1/10，单位耕地上的水资源量仅 600m³，仅为全国平均数的 1/3，属于水资源短缺地区。

15.1.3 经济社会概况

根据《昆明统计年鉴 2019》和《2019 年昆明市国民经济和社会发展统计公报》，滇池流域涉及昆明市五华区、盘龙区、官渡区、西山区、呈贡区以及晋宁区，共计 52 个街道办和 2 个镇。

---

① 引自《滇池保护治理规划（2018—2035 年）》。

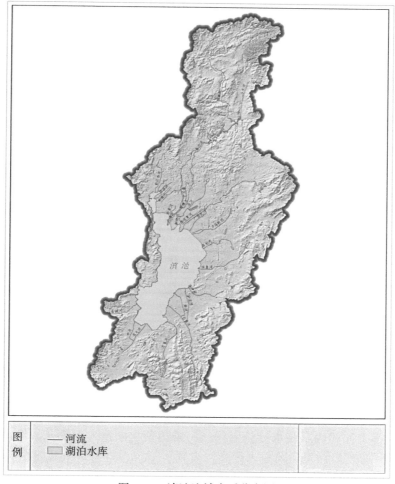

图例
—— 河流
▨ 湖泊水库

图 15-2　滇池流域水系分布图

2019 年，滇池流域常住总人口 413.6 万人，占昆明市总人口的 60%，其中城镇人口383.2 万人，农村人口 30.4 万人。

2019 年，滇池流域涉及的五华区、盘龙区、官渡区、西山区、呈贡区以及晋宁区实现地区生产总值（GDP）5180.7 亿元，占昆明市地区生产总值的 77%，三次产业结构比为4.2∶32.1∶63.7。

15.1.4　流域生态环境现状

2019 年，滇池全湖水质为Ⅳ类，营养状态为轻度富营养化。其中，草海全年平均水质类别为Ⅳ类，主要指标中化学需氧量年均浓度为 13.13mg/L，总氮年均浓度为2.53mg/L，总磷年均浓度为 0.08mg/L，氨氮年均浓度为 0.22mg/L；外海全年平均水质类别为Ⅴ类，主要指标中化学需氧量年均浓度为 32.04mg/L，总氮年均浓度为 0.95mg/L，总磷年均浓度为 0.07mg/L，氨氮年均浓度为 0.13mg/L。

从近五年滇池湖体水质变化看，主要指标化学需氧量、氨氮、总磷呈改善趋势。滇池外海化学需氧量呈波动变化，2018 年最优，达到Ⅳ类水标准；滇池草海化学需氧量逐年改善，2016 年以来，化学需氧量优于Ⅳ类水标准；滇池草海和外海氨氮均优于Ⅳ类水标准；滇池草海和外海总磷呈波动改善趋势，2018 年、2019 年优于Ⅳ类水标准。

15.1.5 流域主要污染源情况

滇池流域水污染源主要为城镇生活源、第三产业、工业源、农业农村面源、城市面源和水土流失。入湖污染负荷是指污染负荷产生量扣减源头消纳及污水处理厂等设施削减，再经过程衰减后的负荷量，2019 滇池流域产-排-入湖污染负荷见表 15-1。

表 15-1　2019 年滇池流域污染负荷　　　　　　　（单位：t）

项目	COD_{Cr}	NH_3-N	TN	TP
产生量	186686	16852	27413	3118.96
排放量	37873	2157	8355	731.37
入湖量	25343	1208	3704	391

滇池流域化学需氧量主要来自点源和城市面源，分别占污染负荷总量的 36%和 58%；氨氮主要来自点源和农业农村面源，分别占污染负荷总量的 49%和 36%；总氮主要来自点源，占污染负荷总量的 71%；总磷主要来自点源和农业农村面源，分别占污染负荷总量的 49%和 38%。

从空间分布看，外海北岸污染负荷占比仍然保持最高，约占 58%；草海流域由于实施了东风坝前置库工程和西岸尾水导流工程，污染负荷入湖量大幅削减，约占 7%；随着呈贡区的发展，外海东岸污染负荷越来越高，占到了 14%；外海南岸截污相对滞后，再加上近年来农业施肥强度增加，因此污染负荷占比也相对较高，占 19%；外海西岸污染治理相对滞后，但产生量较小，因此入湖污染负荷约占 2%。

15.2　治理历程与成效

15.2.1　富营养化历程

滇池"十一五"期间处于重度和中度富营养化状态，"十二五"时期改善至中度富营养化状态，"十三五"后期进一步改善至轻度富营养化状态。

15.2.2　治理历程

从国家层面，滇池保护与治理自 20 世纪 80 年代正式启动，到目前历时 40 余年。从"六五"期间重视水污染与水资源短缺问题，"七五"期间初步开始研究滇池水污染治理技术，"八五"期间提出滇池污染综合治理措施，"九五"期间重点实施工业污染治理与城镇污水处理厂建设，"十五"期间的截污工程和生态修复，"十一五"期间提出滇池治理"六大工程"，"十二五"继续系统推进"六大工程"，重点实施"清污分流""分质供水""污染物削减"等措施，到"十三五"期间进一步完善以流域截污治污系统、流域生态系统、健康水循环系统为重点的"六大工程"体系。综合分析滇池治理历程，结合滇池水质变化的阶段性特征，可将滇池保护与治理历程大概划分为三个阶段。

1）启动探索期（"七五"到"九五"）

"七五"到"九五"这 15 年间，由于昆明城区的迅速扩张，城镇居民人口快速增加，工业企业快速发展，滇池流域生态环境人为破坏较重，且流域污水处理设施严重滞后，大面积农田大量使用化肥和农药，致使滇池污染日益严重，最终导致其全面富营养化。自"七五"以来，国家和地方政府开始关注滇池水污染问题，陆续出台了多项滇池保护相关条例，并实施了系列治理措施。1980 年颁布了《滇池水系环境保护条例（试行）》；1981年云南省人民政府批准正式建立"松华坝水库水系水源保护区"，以此作为昆明城市饮用水源保护区；1986 年实施了国家"七五"科技攻关课题"中国典型湖泊氮、磷容量与富营养化综合防治技术研究"（滇池部分），初步探索研究了适用于滇池流域水污染的防治技术；1988 年昆明市第八届人民代表大会常务委员会第十六次会议一致通过了《滇池保护条例》，这一地方性法规的正式颁布实施，标志着滇池保护工作进入系统化和法治化轨道。

1989 年昆明市人民政府印发了《滇池综合整治大纲》，5 月昆明市人民政府决定成立滇池保护委员会；1990 年初盘龙江疏浚工程开始启动，4 月昆明市政府召开滇池保护委员会第一次全体委员会议，讨论审定了《综合治理滇池的"八五"计划和十年规划》草案；1991 年昆明第一污水处理厂通水试运行；1993 年国家"八五"科技攻关课题依托工程之一的滇池草海底泥疏浚试点工程完工，开挖水域面积 4795 万 m^2，共疏挖底泥 10 万 m^3；1994 年为进一步改善滇池水域环境，昆明市政府决定严禁一切机动渔船在滇池上从事渔业捕捞生产；1995 年滇池水域分隔工程完工，实现了滇池草海与外海的水域分隔，9 月西园隧洞全线贯通；1996 年国务院将滇池列入"三河三湖"治理重点之一，昆明市第二污水处理厂通水试运行，2 月西园隧洞开闸通水，11 月"2258"工程全面动工；1997 年 10月昆明市第三污水处理厂进入试运行；1998 年国务院正式批复了《滇池流域水污染防治"九五"计划及 2010 年规划》，10 月滇池流域内禁止经销和限制使用含磷洗涤用品；1999年滇池达标排放"零点行动"准时启动，5 月国务院批准实施《昆明市城市总体规划》，标志着滇池保护已被正式纳入昆明市城市总体规划。

在此阶段，滇池水质快速下降，其总氮、总磷等主要营养盐浓度指标增加较快，富营养化严重。其中，"九五"期间草海和外海总氮浓度较"七五"分别增长了 41.1%和36.5%，总磷增长率分别为 71.8%和 42.2%。"八五"到"九五"期间是 20 世纪滇池流域经济社会发展最快的时期，此时流域水污染治理的速度和强度远落后于经济发展。此阶段滇池治理处于启动与探索阶段，其工作重点在环境保护相关法律、法规、政策措施及规划与制度建设等方面，在污染状况调查和科学研究等方面开展了一些基础性工作，但具体实施的污染治理工程较少，主要集中在工业污染治理方面。该时期由于实施的治理工程较少，不仅工业污染防治效果有限，同时流域生活源及面源的排放量也增加较快，入湖污染负荷增加较快。

2）治理攻坚期（"十五"到"十一五"）

自"十五"以来，滇池流域人口快速聚集，经济快速发展，城市规模持续扩张，导致入湖污染负荷持续增加。在此 10 年间，昆明市共经历了三次城市发展定位，即 2001～2002 年按照《昆明城市总体规划（1996—2010 年）》发展，面对滇池水质恶化的状况，选择远离滇池的城市发展战略；2003～2007 年，制定了"一湖四环""一湖四片"的现代新昆明城市发展战略；随着国家发展战略层面的调整，2008 年昆明市制定了《昆明城市总体规划修编（2008—2020 年）》，进一步完善了新昆明城市定位，形成"一核五轴，三层多心"的规划布局。

昆明市这 10 年经历的三次城市发展定位，也反映了市政府对滇池保护与治理的迫切决心。昆明市为应对滇池流域生态环境日益恶化的问题，连续实施了《滇池流域水污染防治"十五"计划》和《滇池流域水污染防治规划（2006—2010 年）》。"十五"期间，滇池治理投资 77.99 亿元，重点实施了城市雨污分流、排水管网建设与改造、入湖河道综合整治和底泥疏浚等项目。在此期间，完成了"九五"计划中 12 个续建项目，"十五"计划中的 31 个子项目。2002 年 4 月，为进一步加大滇池治理力度，在原有的滇池保护委员会办公室基础上，成立了昆明市滇池管理局作为市政府保护滇池的专门机构。2004 年 4 月，昆明市成立了滇池管理综合行政执法局，标志着滇池依法保护和管理又迈上了新的台阶。

"十一五"期间，滇池治理投资强度明显加大，达到 183.3 亿元。该时期以污染综合整治和城镇污水处理设施建设为主，重点实施了"环湖截污及交通、农业农村面源治理、生态修复与建设、入湖河道整治、生态清淤等内源污染治理和外流域引水及节水"六大工程，入湖污染负荷削减效果明显。

在此阶段，滇池主要营养盐浓度增长率相对前一阶段明显降低，主要入湖河道水质有所改善。"十一五"期间草海和外海总氮浓度较"十五"期间分别增长了 13.4% 和24.8%，草海总磷增长了 5.4%，而外海则降低了 6.6%。此阶段滇池治理进入了攻坚期，治理全面提速，针对削减入湖污染负荷和改善滇池水质的工程措施及非工程措施，启动实施了相关的科学研究计划；以"六大工程"为抓手，滇池入湖污染负荷得到了有效控制，湖泊水质恶化趋势基本得到了控制。

3）初步显效期（"十二五"以来）

"十二五"期间，滇池治理规划投资 420.14 亿元，以全面控制及优化恢复外海北部和南部湖滨示范区为重点，建立和完善湖泊污染控制体系和生态保护体系，积极探索滇池流域治理、保护与开发相结合的新思路。治理重点立足于"十一五"治理工作的经验和教训，进一步巩固和提升"六大工程"治理成效，同时重点加强滇池流域管理能力建设。2008 年 7 月，昆明市委、市政府召开"一湖两江"流域水环境治理"四全"动员大会，并下发了相关配套文件，规定在主城规划控制区 620km² 范围内、呈贡新城规划控制区160km² 范围内、滇池环湖公路面湖一侧等区域内开展全面截污、全面禁养、全面绿化、全面整治工作，并要求集各行各业之力，铁腕治污，科学治水，综合治理。"十二五"期间实施了《滇池流域水污染防治规划（2011—2015 年）》，规划实施水污染治理工程项目 101 个。截至"十二五"末，已完成 57 个，调试 10 个，在建项目 25 个，开展前期的项目 9 个，项目完成率为 66.3%，投资完成率达 70%。

"十三五"以来，昆明继续深入推进以滇池治理为重点的水污染防治工作，印发了《昆明市水污染防治实施方案》和《滇池流域水环境保护治理"十三五"规划（2016—2020 年）》（简称《滇池"十三五"规划》），按照"量水发展、以水定城、科学治理、系统治理"的原则，以"区域统筹、巩固完善、提升增效、创新机制"为方针，在全流域统筹解决水环境、水资源、水生态问题，优化经济社会发展、城市建成区及流域生态安全布局，实现"山水林田湖"综合调控；巩固"九五"以来滇池保护治理成效，进一步完善以流域截污治污系统、流域生态系统、健康水循环系统为重点的"六大工程"体系；提升流域污水收集处理、河道整治、湿地修复、水资源优化调度效能；建立健全和创新项目投入、建设、运营、监管机制。《滇池"十三五"规划》确定的滇池保护治理目标为：到 2018 年，草海水体稳定达 V 类；到 2020 年，外海水体主要指标均稳定达到 IV 类水标准（除 COD≤40mg/L）。提出以七项主要任务为重点推进滇池保护治理，规划实施滇池保护治理项目 107 个，规划总投资 159.24 亿元，其中新建项目 84 个，投资约 98.56 亿元；结转"十二五"项目 23 个，投资 60.68 亿元。截至 2017 年底，《滇池"十三五"规划》项目完工 27 个，调试中 3 个，项目完成率为 28.04%，累计完成投资 44.33 亿元，投资完成率为 27.84%。

在《滇池"十三五"规划》的基础上，2018 年昆明市又印发了《滇池保护治理三年攻坚行动实施方案（2018—2020 年）》（简称《三年攻坚》），这是对《滇池"十三五"规划》的深化和细化，是《滇池"十三五"规划》目标实现的又一有力保障。《三年攻坚》方案提出，昆明市将以"科学治滇、系统治滇、集约治滇、依法治滇"为指导，强化对滇池治理复杂性、艰巨性和长期性的认识，进一步转变治理方式；加强雨季面源与雨污合流溢流污染及总磷、总氮等关键性因子控制，实现流域水环境治理全过程量化与精细化管理，促使已有工程治理设施充分发挥应有效能，建立滇池流域水质水量联合调度管理机制，加强科技攻关与成果应用，形成滇池保护治理社会共治，努力实现滇池水质目标与污染物总量削减目标。《三年攻坚》方案提出了更严于《滇池"十三五"规划》的水质目标，即到 2018 年滇池草海水质达到 IV 类水标准，2020 年滇池外海水质稳定达到 IV 类水标准（外海 COD_{Cr}≤40mg/L）。

"十二五"以来，滇池流域水环境质量逐年改善，滇池湖体水质企稳向好，入湖河道水质显著改善，集中式饮用水水源地保持稳定。2017 年，滇池全湖总体水质类别为 V 类，综合营养状态指数为 65.1，营养状态为中度富营养化；35 条入滇河流中，3 条河流水质为 II 类，3 条河流水质为 III 类，16 条河流水质为 IV 类，3 条河流水质为 V 类，6 条河流水质为劣 V 类，4 条河流断流。2017 年与 2010 年相比，16 条滇池主要入湖河流水质改善明显，化学需氧量、氨氮、总氮、总磷平均浓度分别下降 36.71%、52.86%、14.40%、27.03%；湖体水质也改善明显，化学需氧量、氨氮、总氮、总磷平均浓度分别下降 34.98%、4.96%、33.50%、41.21%。

15.2.3 治理成效

近 40 年来，云南省和昆明市高度重视滇池治理，昆明市委、市政府坚持"绿水青山就是金山银山"的发展理念，把滇池保护治理作为生态文明建设的着力点和突破口，转变观念、创新思路、综合施策，工程与政策"两手发力"，全力推进滇池水污染防治各项工作，在遏制增量污染的同时，全力削减存量污染，使滇池水质实现了突破式改善。经过多年治理，滇池水质企稳向好，2018 年滇池全湖水质达到地表水Ⅳ类标准，为建立滇池流域水质监测数据库以来最好水质，滇池治理取得了阶段性成效。

1）滇池水质企稳向好，蓝藻水华程度明显减轻

从 20 世纪 80 年代末开始，迅速推进的城镇化和工业化，高速发展的城市、经济及人口导致入湖污染负荷迅速增加，生境破坏，流域内的人类活动突破了滇池的承载能力，滇池水质恶化到劣Ⅴ类，富营养化严重。从 20 世纪 90 年代初，滇池成为我国污染最严重的湖泊之一。1999 年滇池污染达到最高峰，水华覆盖面积达到 20km²，厚度达到几十厘米。草海水体黑臭，湖面盖满水葫芦；外海北部蓝藻堆积，湖水呈绿油漆状。

经过近 30 年的治理，目前滇池水质下降的趋势得到控制，滇池湖体水质持续稳步改善，水质企稳向好。2014～2018 年，滇池水质改善取得明显成效，2014 年、2015 年滇池全湖年均水质均为劣Ⅴ类，2016 年滇池全湖年均水质由劣Ⅴ类好转为Ⅴ类，2017 年滇池全湖年均水质继续为Ⅴ类，2018 年全湖年均水质改善至Ⅳ类，营养状态为轻度富营养。2000 年，全湖主要污染物化学需氧量、总氮、总磷浓度相对于 2018 年分别下降了80.21%、54.86%、82.50%。同时，滇池蓝藻水华明显减轻，由重度水华向中度和轻度水华过渡，分布范围不断减小，水华发生频次和强度明显下降。

入滇河道在经历了近 30 年的综合整治之后，水质明显提升，综合污染指数明显下降。2018 年 35 条入湖河流，22 条达到Ⅳ类以上，3 条达到Ⅴ类。流域Ⅴ类以上水质断面比例从 2000 年的 0%上升至 2018 年的 87.5%。

2）流域主要污染源得到有效控制，入湖污染负荷大幅削减

滇池流域是昆明市经济社会最发达、人口最密集的区域，流域快速的工业化、城镇化发展给滇池带来了巨大的污染压力。经核算，"十三五"中期（2018 年），滇池流域点源和面源化学需氧量、总氮、总磷、氨氮污染负荷产生量分别为 17.83 万 t/a、2.50 万 t/a、0.32 万 t/a、1.59 万 t/a，较"九五"末（2000 年）分别增长了 192%、89.39%、100%、89.29%。

"九五"以来滇池治理力度不断加大，多措并举控制入湖污染负荷，取得了良好的成效。具体措施包括建立和完善城镇生活污水收集处理系统，采取"零点行动"等最严格的工业污染源整治措施，实施"全面禁养""测土配方"及农村分散式污水处理等农业农村面源污染控制措施等。

在流域人口、经济持续增长的条件下，滇池流域控制增量、削减存量，流域污染负荷总量控制成效显著。在污染负荷产生量逐年增大的情况下，流域内污水收集处理能力不断提高，污染负荷削减量持续增加，"十三五"中期（2018 年）主要水污染物化学需氧量、

总氮、总磷和氨氮削减量分别比"九五"末增加了 7 倍、3.7 倍、7.16 倍和 3.75 倍。流域污染负荷入湖量逐渐减小，"十三五"中期（2018 年）主要水污染物化学需氧量、总氮、总磷、氨氮入湖量分别为 334571t/a、5971t/a、519t/a、4237t/a，相对"九五"末分别削减了 3.7%、32.1%、48.1%、25.7%。滇池流域水污染物入湖量占产生量的比例（即污染负荷入湖率）呈明显下降趋势，从"九五"末的 64% 降低到"十三五"中期（2018 年）的 21%。

3）流域污染治理取得明显成效，环境保护基础设施不断夯实

随着治理力度的加大，滇池流域环保基础设施不断夯实。2018 年，滇池流域内共有 27 座城镇生活污水处理厂，设计日处理规模 216 万 m³；建成 97km 环湖截污主干管（渠）；敷设 5569km 市政排水管网，滇池流域城镇生活污水收集处理率从"九五"期间的 49% 提高到 2018 年的 80%，其中旱季的主城建成区的污水收集率更是达到 95%。重点企业污水实现 100% 达标排放，建成工业及开发园区污水处理厂达到了 6 座，日处理规模达到 12.5 万 m³，流域工业污染源得到进一步控制。流域内规模化畜禽养殖全面取缔，测土配方普及率达到 90%，885 个村庄建设了分散式生活污水收集处理设施。

4）流域生态环境逐步改善，生态系统功能得到一定恢复

通过森林生态修复项目，滇池流域的森林覆盖率不断提升，有效恢复了滇池流域受损生态系统。通过湖滨生态建设，在滇池外海建成湿地 33.3km²，沿湖共拆除防浪堤 43.138km，增加水面面积 11.5km²，历史上首次出现了"湖进人退"的现象，为滇池生态系统恢复创造了条件。

5）流域水资源压力得到缓解，健康水循环格局基本构建

通过综合实施外流域引水供水、节水及再生水利用等措施，初步构建了流域"自然-社会"健康水循环体系。"九五"以来，实施了"2258"引水供水工程、掌鸠河引水供水工程、板桥河-清水海引水济昆一期工程和牛栏江-滇池补水工程，滇池流域可利用水资源量从"九五"末的 5.5 亿 m³ 提高到"十二五"末的 14.7 亿 m³，实现了"与湖争水"向"还水予湖"的历史性转变，滇池水动力得到增强，水体置换周期从原来的 4 年缩短至两年；通过大力推行节水及再生水利用工程，"十二五"末流域污水再生回用率达到 20%；实施主城污水处理厂尾水外排和资源化利用工程，尽最大努力"隔断"污染物入湖通道，既削减入滇污染负荷，又为下游安宁市提供了稳定达标的工业及生态用水。

6）滇池治理工作得到肯定，公众满意度提升

滇池富营养化始于 20 世纪 80 年代，90 年代后期起几乎年年发生蓝藻暴发，成为全国蓝藻暴发最严重的湖泊之一。污染严重时，外海北部蓝藻厚达几十厘米，老鼠可以在上面蹿行，鸡蛋大小的石头能够浮在水面，水体黑臭，异味明显，周边群众的生活受到极大的影响。

随着滇池水质企稳向好，生态环境改善，臭味、藻量等直接影响公众对滇池水质判断的感官性状指标明显好转。2015 年开展的滇池治理工作社会满意度调查结果表明，针对政府的各项滇池治理措施，90% 以上的公众表示认可，50% 以上的公众对滇池治理工作比

较满意。生态建设为人们营造了更加舒适的休闲环境，提高了人民生活质量，也为昆明市打造世界知名旅游城市奠定了基础。

滇池保护工作也得到了国家的认可，2011 年国家考核组考核云南重点流域水污染防治工作，认为云南省、昆明市采取的诸多有力措施，切实推动了滇池流域水环境质量改善。经 2019 年中央政策研究室组织专家亲赴国内多地专项研讨考察，数据比对分析，最终认为，云南省昆明市在滇池治理工作中，通过实施"关口前移、中端疏通、就近治理、末端提升"等一系列行之有效的系统治理模式和手段，使滇池全湖水质实现了三年一大变、每年一台阶的惊人变化，具有极大的借鉴意义和参考价值，很有必要总结并向全国推广。滇池治理走出了一条湖泊流域水污染防治的新路子，为深化我国湖泊水污染防治提供了有益的借鉴。

15.3 富营养化控制与生态修复技术路线图

15.3.1 国家总体要求

对湖泊治理要求应与国家的总体要求保持一致，即生态优先、绿色发展；系统治理、协调推进；试点先行、稳步推进。在重点流域规划中，与巢湖类似，综合提出把沿岸保护治理作为湖泊水环境综合治理的重中之重，突出抓好大保护，严禁开展大开发，以"老三湖"（太湖、巢湖、滇池）等为重点，因地制宜采取截污控源、生态扩容、科学调配、精准管控等措施，统筹推进污染防治与绿色发展。

15.3.2 流域层面目标

1. 治理总体目标

强化滇池作为长江经济带重要湖泊、高原生态湖泊、国际候鸟栖息地、区域气候调节器的生态地位，全面提升滇池流域保护治理能力和精细化管理水平，湖体富营养化得到有效控制，入湖河流和湖体水质基本实现按功能区达标，水生生态系统稳定性和生态功能显著增强，生态流量得到有效保障，水环境风险得到有效防控，生态环境保护体制机制进一步完善，还给老百姓"清水绿岸、鱼翔浅底"的美丽景象，为昆明打造生态文明建设排头兵示范城市和"美丽中国"典范城市奠定坚实基础，将滇池保护治理打造成我国生态文明建设的标志性工程。

2. 具体目标

中期目标：到 2025 年，水环境质量持续改善，水生态系统功能初步恢复；水环境、水生态、水资源统筹推进格局初步形成；"有河有水、有鱼有草、人水和谐"目标指标体系初步建立；流域空间管控格局基本形成，流域生态保护红线制度有效实施；滇池草海和外海水质稳定达到Ⅳ类及以上，35 条主要入湖河道及支流水质达到Ⅳ类及以上。

远期目标：到 2035 年，生态环境实现根本好转，全面实现"清水绿岸、鱼翔浅底"的美丽景象，生态系统实现良性循环；流域空间管控体系更加完善，区域生态安全格局全面形成；滇池外海水质力争达到Ⅲ类，实现饮用、农业、渔业、景观用水功能；滇池草海水质稳定达到Ⅳ类，实现工业、景观、农业用水功能；35 条主要入湖河道及支流水质稳定达到Ⅳ类及以上，基本消除农村黑臭水体；生态环境保护体制机制进一步完善，实现经济社会发展与生态环境保护协同共进。

共设置流域空间管控、水资源保护与利用、水污染防治、水环境治理、水生态修复、水灾害防治、流域执法监管七大类 23 个指标，见表 15-2。

表 15-2　规划控制性指标表

序号	指标类别	指标名称	单位	现状值	2025 年目标	2035 年目标	市级牵头部门
1	流域空间管控	河湖水域岸线划界确权比例	%	启动	100%	100%	市滇管局，市自然资源和规划局
2		湖滨自然岸线率	%	90	≥90	≥90	市滇管局
3		生态保护红线勘界定标	—	完成	完成	完成	市自然资源和规划局
4		开发利用土地面积	km²	638	672	672	市自然资源和规划局
5	水资源保护与利用	用水总量	亿 m³	15	16	18	市水务局
6		万元工业增加值用水量	m³	38	37.5	37	市水务局
7		农田灌溉水有效利用系数	—	0.55	0.56	0.57	市水务局
8		再生水利用率	%	35	40	45	市水务局
9		城市公共供水管网漏损率	%	10	10	10	市水务局
10	水污染防治	城镇生活污水处理率	%	95	≥95	98	市滇管局
11		建制村生活污水处理设施覆盖率	%	90	93	95	市滇管局
12		污泥无害化处理处置率	%	90	≥90	95	市滇管局
13		城市生活垃圾无害化处理率	%	100	100	100	市城市管理局
14		生活污水直排口消除率	%	70%	100%	100%	市滇管局
15	水环境治理	滇池水质	草海	V 类	稳定Ⅳ类	稳定Ⅳ类	市滇管局，市生态环境局
16			外海	Ⅳ类（COD≤40mg/L）	稳定Ⅳ类	力争Ⅲ类	市滇管局，市生态环境局
17		建成区黑臭水体	—	0	0	0	市滇管局，市生态环境局

续表

序号	指标类别	指标名称	单位	现状值	2025年目标	2035年目标	市级牵头部门
18	水环境治理	城市集中式饮用水水源地水质达标率	%	100	100	100	市生态环境局，市水务局
19	水生态修复	森林覆盖率	%	41%	≥41%	≥41%	市林草局
20		建成区人均公园绿地面积	m²	≥10.93	≥12.5	≥12.5	市城市管理局
21		湖滨湿地面积	万亩	≥6	≥6	≥6	市滇管局
22	水灾害防治	水灾害防治监测预警系统	—	基本建成	完善	完善	市水务局
23	流域执法监管	执法监管能力	—	健全	全面提升	全面提升	市滇管局

注：市滇管局全称为昆明市滇池管理局；市林草局全称为昆明市林业和草原局。

3. 控制性指标

本规划从流域空间管控、水资源保护、水污染防治、水环境治理、水生态修复、水灾害防治、执法监管七个方面提供控制性指标。

1）流域空间管控

到 2025 年，流域空间管控格局基本形成，流域生态保护红线制度有效实施，水域岸线管理进一步加强，河湖水域岸线划界确权比例达 100%，湖滨自然岸线率达 90%以上，流域开发利用土地面积控制在 672km² 以内。

到 2035 年，流域空间管控体系更加完善，区域生态安全格局全面形成，严守生态保护红线，湖滨自然岸线率进一步提高；进一步加强集约节约用地。

2）水资源保护

到 2025 年，流域用水总量控制在 16 亿 m³ 以内，万元工业增加值用水量控制在 37.5m³ 以内，农田灌溉水有效利用系数控制在 0.56 以内，再生水利用率提高到 40%，城市公共供水管网漏损率控制在 10%以内，稳步推进节水型社会建设。

到 2035 年，流域用水总量控制在 18 亿 m³ 以内，万元工业增加值用水量控制在 37m³ 以内，农田灌溉水有效利用系数控制在 0.57 以内，再生水利用率提高到 45%，城市公共供水管网漏损率进一步降低，建成水资源高效利用和合理配置体系。

3）水污染防治

到 2025 年，流域城镇生活污水收集处理率达 95%以上，建制村生活污水处理设施覆盖率达 93%，污泥无害化处理处置率达 90%以上，城市生活垃圾无害化处理率稳定保持 100%，全面消除生活污水直排口。

到 2035 年，流域城镇生活污水收集处理率达 98%，建制村生活污水处理设施覆盖率达 95%，污泥无害化处理处置率达 95%，城镇生活垃圾全分类、全收集、全处理。

4）水环境治理

到 2025 年，滇池草海和外海水质稳定达到Ⅳ类及以上，并持续改善，35 条主要入湖河道及支流沟渠水质基本达到Ⅳ类及以上。集中式饮用水源地水质稳定达标，加快推进农村黑臭水体治理工作。

到 2035 年，滇池外海水质力争达到Ⅲ类，草海水质稳定达到Ⅳ类，35 条主要入湖河道及支流沟渠水质稳定达到Ⅳ类及以上，全面消除建成区黑臭水体，基本消除农村黑臭水体，实现长治久清。

5）水生态修复

到 2025 年，流域森林覆盖率和湖滨湿地面积进一步提升，建成区人均公园绿地面积达 12.5% 以上；划定并恢复鸟类、土著鱼类及稀有水生植物的保育区，土著鱼类种类在现有基础上增加 50% 以上；高等水生植物得到良性恢复，喜清水种类面积增加；草海初步实现藻型湖泊向草型湖泊转变；生物多样性初步恢复，水生态系统功能初步恢复；水环境、水生态、水资源统筹推进格局初步形成；"有河有水、有鱼有草、人水和谐"目标指标体系初步建立。

到 2035 年，流域森林覆盖率、湖滨湿地面积和建成区人均公园绿地面积进一步提升；湖体浮游植物生物量明显下降，叶绿素 a 浓度低于 50μg/L，喜清水藻类生物量明显增加，大规模蓝藻水华发生频次、面积显著降低；外海初步实现藻型湖泊向草型湖泊转变；生物多样性得到系统保护，水生生态系统稳定性和生态功能显著增强；全面实现"清水绿岸、鱼翔浅底"的美丽景象，生态系统实现良性循环。

6）水灾害防治

通过加强流域水灾害防治，到 2035 年水灾害防治监测预警系统建立完善，做到预警及时、反应迅速、转移快捷、避险有效，有效减少人员伤亡和经济损失，保障水安全。

7）执法监管

滇池流域综合管理能力和执法监管能力得到全面提升和加强，流域管理机制体制构建完善。

15.3.3　差距分析

1. 流域水资源极度匮乏

昆明市地处长江、珠江、红河三大流域分水岭地带，多年平均水资源总量 61.4 亿 m³，人均水资源量 714m³，滇池流域人均水资源量不足 200m³，远远低于全省和全国水平，水资源禀赋不足，是我国严重缺水城市之一。

2. 流域水质现状与规划目标差距

2020 年，滇池全湖水质为Ⅳ类，营养状态为轻度富营养。2016 年以来滇池湖体化学需氧量呈波动下降趋势，草海和外海 NH₃-N 浓度均优于Ⅱ类，TP 浓度在 2017 年达峰值，之后逐年下降，近三年水质均优于Ⅳ类。

2020 年，草海 COD 浓度低于外海，外海北部和南部较高，超过Ⅳ类水质标准；草海、外海 NH₃-N 浓度均较低，全湖可达Ⅱ类水标准；草海 TN 平均浓度明显高于外海，草海 TN 平均浓度为劣Ⅴ类，外海为Ⅳ类；TP 浓度草海、外海差异不明显，草海断桥和外海罗家营、灰湾中断面 TP 浓度较高，但全湖总磷浓度可达Ⅳ类水标准；叶绿素 a 浓度和综合营养状态指数分布特征相似，草海和外海北部较高，外海中部较低。

3. 蓝藻水华情况

2003～2009 年的 6～10 月，滇池日暴发最大水华面积普遍超过 150km²。2010 年，水华面积开始呈现下降趋势，2011 年日暴发最大水华面积再次增加并一度达到 117.31km²，2013 年 9 月同样覆盖面积达到了 107.63km²，在 2014～2020 年的几年内暴发趋势虽然较为稳定，但当到达蓝藻水华暴发期 7～9 月时，日暴发最大面积基本都达到 90km² 以上。

4. 水生态系统退化情况

水生植物分布面积持续下降，从 20 世纪 50～60 年代占水面面积的 90%，锐减到 70 年代的 20%，再到 80 年代的 12.6%，90 年代之后逐步降至低于 1%。水生植物从全湖水深 4m 以内均有分布，演化到仅部分湖湾及较浅沿岸带有分布。以湖泊水生态系统具有良好指示作用的高等沉水植物为例，相关学者统计了其数量变化情况，1957～1963 年为 19 种，1975～1977 年为 11 种，1995～2001 年为 10 种，2008 年为 8 种，2010 年为 7 种，总体呈现减少趋势（杨枫等，2022）。

15.3.4 技术路线图

滇池富营养化控制与生态修复技术路线图见图 15-3。

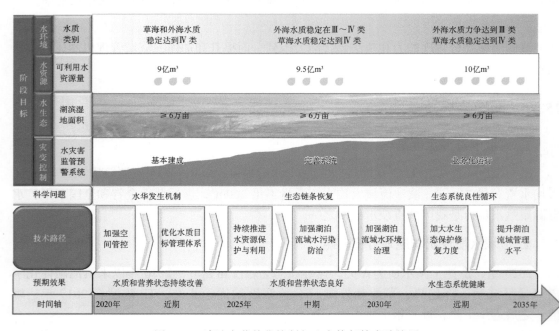

图 15-3 滇池富营养化控制与生态修复技术路线图

15.4 "十四五"富营养化控制与生态修复总体策略

15.4.1 分区分类分级

通过分析滇池水质及富营养化状态，滇池的类别属于云贵高原湖区-中等水深-污染治理型湖泊。

富营养化程度显著高于其他重点湖泊，尽管自 2010 年以来富营养化控制成效显著，综合营养状态指数、COD_{Mn}、TN 及 TP 整体上呈下降趋势，但并不稳定，存在反弹的情况。

15.4.2 分类策略

滇池水质类别为Ⅳ～Ⅴ类，营养状态为富营养化状态，分类为改善+治理型湖泊。针对云贵高原湖区雨季降水历时短、强度大的特点，加强城市溢流污水管控及初期雨水调蓄和调度，提高城市污染削减效率，降低雨季入湖污染负荷。同时，推进湖岸生态缓冲带建设，开展湖滨带生态修复，减少水土流失并提高对地表径流中污染物的截留能力。主要从以下几个方面开展治理与修复。

1）入湖污染源控制

滇池流域污染物的超负荷排放导致水质急剧恶化，控制污染物仍是滇池水体富营养化控制的关键措施之一。

2）加强对生态修复工程的理论和技术研究

流域生态系统失调是滇池富营养化的重要原因，目前进行的生态修复工程还只是示范性的，技术尚未成熟，今后应加强对这方面的理论和技术研究，尽可能恢复湖泊原始生态，使其系统结构趋于稳定、完善。

3）建立高效的投融资机制

充分发挥市场和政府各自优越性的投融资机制，不仅可以解决治滇资金投入不足问题，还可以引进外国先进治理技术和管理经验，提高治滇运作效率。

4）建立滇池环境管理决策系统

滇池治理是一项系统工程，需将政府各部门的行政执法、监督管理、规划的 100 多个项目纳入滇池环境管理决策系统之中，健全滇池治污有关部门协调机制，落实责任制，完善现行管理体制。

5）进行跨流域调水工程

目前，仅凭借污染物控制和生态修复，并不能提高滇池水环境自净能力和解决流域水资源匮乏问题，也就不能从根本上治理滇池。引外流域水入滇，既增加了湖体水容量，加速了物质循环周期，提高了水体自净能力，也缓解了水资源紧缺问题。

15.5 制约因素识别

15.5.1 滇池保护与经济社会发展矛盾突出

滇池流域以约占云南省 0.75%的土地面积承载了全省约 23%的 GDP 和 8%的人口，是云南省人口高度密集、城市化程度最高、经济最发达、投资增长和社会发展最具活力的地区。城镇化建设挤占了流域内维持自然生态更新的空间，湖泊河流水环境被破坏，流域生态功能退化，污染排放超过了环境承载力，经济社会发展与保护的矛盾突出。

15.5.2 入湖污染负荷超过水环境容量

昆明城市临湖而建，滇池处于城市下游，是污染物唯一的受纳水体。尽管污染治理力度不断加大，污水收集处理能力不断提高、污染负荷削减能力大幅提升，但滇池流域入湖污染负荷仍远超滇池水环境承载力。

15.5.3 流域水资源极度匮乏

滇池流域地处三江之源，源近流短，无大江大河补给，属于水资源极度匮乏地区。人均水资源量仅 209m^3，仅为全国人均水资源量的 9.2%，是全国 14 个最缺水的城市之一，与严重缺水的以色列相差无几。滇池流域人口密度与太湖、巢湖接近，流域单位面积 GDP 与太湖流域接近，约为巢湖流域的两倍，但湖泊补给系数却远小于太湖和巢湖，换水周期远大于太湖和巢湖，即使牛栏江-滇池补水工程实现了外流域滇池生态水补给，换水周期由原来 3.5 年缩短至约 2 年，但仍远高于国内其他湖泊。

15.5.4 流域水质现状与规划目标还有差距

2015～2017 年，滇池流域水质总体企稳向好，但仍然存在一定的波动，且距离规划水质目标还有差距。流域内 21 个考核断面，2016 年 20 个达标，2017 年 17 个达标，滇池湖体水质也呈现 2016 年改善、2017 年有所下降的趋势。2017 年滇池外海仍为劣Ⅴ类，12 条河流中茨巷河不达标。另外，对应水功能区划目标，水功能区水质达标率较低，滇池流域参加评价的 51 个水功能区中，仅有 14 个水功能区水质达标，达标率仅为 27.5%。

虽然海河黑臭水体整治工作在 2017 年已经取得了突破性的进展，但是海河黑臭水体整治控源截污系统还不完善，存在水质反弹的风险。同时，由于目前大多数沟渠主要承担城中村排水通道的功能，城中村拆迁改造推进缓慢，沟渠水环境整治实施难度大，多采取末端截污、调蓄处理等方式，大部分沟渠水质仍为劣Ⅴ类，还存在广普大沟黑臭水体和大清河等疑似黑臭水体。

15.5.5 水生态系统退化严重

受河湖水质下降影响，昆明市主要的生物类群也发生了较大的变化，生态系统退化严重。从 20 世纪 50～60 年代至今，滇池浮游植物种类减少了近 60%，浮游植物量增长了近 70 倍，浮游植物优势种由绿藻门和硅藻门演替为蓝藻门，且以微囊藻占绝对优势。底栖生物多样性下降，特别是土著特有种和敏感类群消失或种群数量剧降，而耐污类群数目和生物量增加。水生高等植物大量消失，浮游植物生物量大大增加，对滇池鱼类区系和群落结构产生了负面影响，导致鱼类群落结构和生态功能群简单化，引起鱼类群落生态服务价值下降。

15.5.6　湖滨湿地长效管理机制不完善

滇池流域湖滨自然生态曾遭到严重破坏，湖滨天然湿地几乎消失殆尽。尽管 2008 年以来实施了"四退三还"工程，但目前湿地管理长效机制尚未真正建立，湿地环境效益还不能充分发挥。具体表现在：缺乏统一的湿地建设规划和统一的管理机制，碎片化管理不利于湿地生态环境保护；部分湿地配水系统尚不完善，与河流水系不连通，无法发挥水质净化的环境效益；部分湿地水体流动性差，湿地内水生植物残体变质造成水体富营养化，加之滇池的富集蓝藻在风向作用下流入湿地，导致湿地蓝藻堆积情况较为严重；已建湿地缺乏有效管护，湿地公园人类活动严重干扰了滇池生态系统自我修复；湿地呈现多头管理，没有统一管理机构；生态用地租地资金缺口加大，湿地管护经费没有形成长效保障机制等。

15.5.7　雨季污染未得到有效管控

滇池流域降水历时短、强度大，已建污水收集处理设施纳污能力不足以有效控制雨季合流污水溢流污染；水质净化厂雨季运行模式效能发挥不足，雨污调蓄池与水质净化厂及河道未建立有效的联合调控机制；环湖截污系统未形成良性、高效的运行，未发挥应有作用；东、南岸农业以蔬菜、花卉种植为主，化肥施用量大，精细、绿色、生态的农业生产方式尚未形成；测土配方施肥、农田固废资源化利用等面源污染治理类项目源头治理措施推广难度较大，末端处理项目又易存在运行不稳定等问题，影响了部分项目环境效益的发挥。

15.5.8　水域岸线尚未划界确权，侵扰河道问题突出

根据《中华人民共和国河道管理条例》规定，河道、水库等均有相应管理范围。根据《滇池保护条例》等，主要河流管理范围为 5～50m，但未进行确权划界工作，导致河道管理范围不明确，侵占岸线行为时有发生，违规侵占河道及水域岸线问题突出。部分河段管理范围内存在住宅、厂房等建筑，导致河道行洪及管理范围不足。

15.5.9　主城区防洪除涝系统不完善，洪涝灾害依然严重

上游区域截洪疏导能力不足，主城区泄洪压力大。主城面山区域径流面积 374km^2，

发生 30 年一遇洪水时，面山及城市陆地产生的洪水流量约为 667m³/s，发生 50 年一遇洪水时，产生的洪水流量为 860m³/s，而现行主城 21 条河道行洪能力仅为 420m³/s，泄洪能力不能满足要求。上游水库群包括松华坝和宝象河等 8 座大中型水库以及 18 座小型水库，防洪库容仅 1.39 亿 m³，拦洪能力弱，且水库群缺乏联合调度运用，水库削峰、错峰效果有待提升。

城区河道过洪能力不足，管网排水不畅，城区蓄滞能力差。昆明市 35 条主要入滇池河道中 28 条河道存在局部断面尺寸不足、部分河堤高度不够、跨河建筑物净空过低等问题。昆明城市排水管网设计标准偏低，现状排水能力大于 5 年一遇的仅占 28%，小于 2 年一遇的占了 61%；受排水管网雨污混接的影响，为防止污染物进入河道，多采用排口封堵或堰闸等方式进行污水截流，导致排水管道排水不畅；主城区 20 座排水泵站排水能力不足，设备老化；雨污分流不彻底，降雨时大量雨水需经污水管网、泵站转输排水，超出排涝设施设计能力。滇池洪水下泄能力不足，水位壅高，对主城区河道形成顶托。滇池外海海口闸设计下泄流量为 140m³/s，实际下泄能力仅为 80m³/s；草海西园隧洞设计下泄流量为 40m³/s，滇池下泄能力远小于上游来水。

15.6　污染物总量控制研究

15.6.1　流域水环境容量分析

1. 水环境容量分析范围和对象

范围：滇池湖岸线以内的水域，包括草海和外海，面积约 310km²。

对象：滇池草海和外海水环境指标中的 COD、总氮、总磷、NH_3-N。

2. 水环境承载力分析方法

水环境容量为计算水环境承载力的核心。在给定水域范围和水文条件，规定排污方式和水质目标的前提下，单位时间内该水域最大允许纳污量，称作水环境容量。

1）水环境容量的基本特征

水环境容量具有以下三个基本特征。

（1）有限性。其价值体现在对排入污染物的缓冲作用，既容纳一定量的污染物，也能满足人类生产、生活和生态系统的需要；但水域的环境容量是有限的，一旦污染负荷超过水环境容量，其恢复将十分缓慢与艰难。

（2）区域性。受各类区域的水文、地理、气象条件等因素的影响，不同水域对污染物的物理、化学和生物净化能力存在明显的差异，从而导致水环境容量具有明显的地域性特征。

（3）系统性。河流、湖泊等水域一般处在大的流域系统中，水域与陆域、上游与下游、左岸与右岸构成不同尺度的空间生态系统，因此，在确定局部水域水环境容量时，必须从流域的角度出发，合理协调流域内各水域的水环境容量。

2）水环境容量的影响因素

影响水域水环境容量的要素很多，概括起来主要有以下四个方面。

（1）水域特性。水域特性是确定水环境容量的基础，主要包括：几何特征（岸边形状、水底地形、水深或体积）；水文特征（流量、流速、降水、径流等）；化学性质（pH、硬度等）；物理自净能力（挥发、扩散、稀释、沉降、吸附）；化学自净能力（氧化、水解等）；生物降解（光合作用、呼吸作用）。

（2）环境功能要求。到目前为止，我国各类水域一般都划分了水环境功能区。针对不同的水环境功能区提出不同的水质功能要求。不同的功能区划，对水环境容量的影响很大：水质要求高的水域，水环境容量小；水质要求低的水域，水环境容量大。例如对于COD环境容量，要求达到Ⅲ类水域的环境容量仅为要求达到Ⅴ类水域环境容量的1/2。

（3）污染物质。不同污染物本身具有不同的物理化学特性和生物反应规律，不同类型的污染物对水生生物和人体健康的影响程度不同。因此，不同的污染物具有不同的环境容量，但具有一定的相互联系和影响，提高某种污染物的环境容量可能会降低另一种污染物的环境容量。因此，对单因子计算出的环境容量应作一定的综合影响分析，较好的方式是联立约束条件，同时求解各类需要控制的污染物质的环境容量。

（4）排污方式。水域的环境容量与污染物的排放位置和排放方式有关。一般来说，在其他条件相同的情况下，集中排放的环境容量比分散排放小，瞬时排放比连续排放的环境容量小，岸边排放比河心排放的环境容量小。因此，限定的排污方式是确定环境容量的一个重要因素。

3）水环境容量的核算步骤

水环境容量核算可以按照以下七个步骤进行。

（1）水（环境）功能区整编。水环境功能区和水功能区的整编主要包括区划河段数据校准编码、两区划叠加部分识别与分离和水质目标的匹配衔接。基本思路是把两功能区在GIS中叠加到一起，重叠部分采用高标准要求、就高不就低的原则确定水质目标，不重叠的部分采用原有区划的水质目标。最后把重叠部分和不重叠部分叠加到一起，形成环保部门和水利部门均认可的流域功能区划。

（2）基础资料调查与评价。包括调查与评价水域水文资料（流速、流量、水位、体积等）和水域水质资料（多项污染因子的浓度值），同时收集水域内的排污口资料（废水排放量与污染物浓度）、支流资料（支流水量与污染物浓度）、取水口资料（取水量、取水方式）、污染源资料等（排污量、排污去向与排放方式），并进行数据一致性分析，形成数据库。

（3）选择控制点（或边界）。根据整编后的水（环境）功能区划和水域内的水质敏感点位置分析，确定水质控制断面的位置和浓度控制标准。对于包含污染混合区的环境问题，则需根据环境管理的要求确定污染混合区的控制边界。

（4）确定设计条件。主要包括计算单元的划分、控制节点（控制端面）的选取、水文条件的设定、边界条件的设定、河流概化、排污口位置和排污方式的概化。

（5）选择水质模型。根据水域扩散特性的实际情况，选择建立零维、一维或二维水质模型，在进行各类数据资料的一致性分析的基础上，确定模型所需的各项参数。

（6）水环境容量计算分析。应用设计水文条件和上下游水质限制条件进行水质模型计算，利用试算法（根据经验调整污染负荷分布反复试算，直到水域环境功能区达标为止）或建立线性规划模型（建立优化的约束条件方程）等方法确定水域的水环境容量。

（7）合理性分析和检验。水环境容量核算的合理性分析和检验应包括基本资料的合理性分析、计算条件简化和假定理性分析、模型选择与参数确定的合理性分析和检验，以及水环境容量计算成果的合理性分析检验。

3. 水环境容量计算

1）模型选择

目前，国内外水环境数学模型有很多。例如，水环境模型就有 EFDC、MIKE21、MIKE3、Delft3D 等；流域非点源模型也有 SWAT、HSPF 等。

其中，SWAT 模型和 EFDC 模型都是美国环境保护署推荐的模型，且代码开源，在国内外应用较多；作者在水专项等科研项目中对这两个模型已有一定的研究基础。因此，本书使用 SWAT 模型作为流域水文模型构建平台，EFDC 模型作为湖体水质水动力模型构建平台。通过外部耦合技术，即将 SWAT 模型的输出结果作为 EFDC 模型的输入条件，实现滇池流域-湖体模型的联合。

2）草海 EFDC 水质水动力模型构建

a. 边界条件

模型的边界条件是施加到模型系统上的外部驱动力，包括水平边界条件、表面边界条件。水平边界条件包括入湖河流的流量以及相关的温度和水质浓度（或污染负荷）；表面边界条件主要为时间相关的气象条件，包括太阳辐射、风速和风向、气温、气压、相对湿度、云量等。

（1）水平边界条件。在草海模型中，入湖河流流量的水平边界条件的设置以 SWAT 模型的模拟结果确定，并用云南省水文水资源局昆明分局提供的入湖河流水量数据进行修正；水温及水质数据来自昆明市环境监测中心的常规监测数据。水平边界条件的空间定位通过将入湖河口坐标标记在模型网格上来实现。

本书中，模型验证期为 2017 年。2017 年草海平均水位为 1886.39m，平均库容 2155.80万 m³，年蓄变量为−21.23 万 m³（即年末库容较年初库容减少 21.23 万 m³）。

2016 年新运粮河、老运粮河入湖河口前置库水体净化生态工程建设完成，从东风坝北侧至老运粮河建设 1057m 导流带，将新、老运粮河入湖河水导入东风坝，并在东风坝西南角开口作为出水口，随着 2016 年新运粮河、老运粮河入湖河口前置库水体净化生态工程建设完成，新、老运粮河入湖河水进入东风坝，不再入草海，因此 2017 年草海入湖河流共有四条，即船房河、大观河、西坝河、乌龙河。出流边界为西园隧道以及东岸水体置换通道工程的导藻箱涵。各主要河流流量、水质时间序列由 SWAT 模型模拟得到，并以云南省水文水资源局昆明分局提供的入湖河流水量数据和昆明市环境监测中心水质数据进行修正。

2017 年牛栏江总补水量为 6.05 亿 m^3，向滇池草海的补水量约为 2.87 亿 m^3，7 月、8 月部分时间停止补水，补水量明显减少。

在本模型中，西园隧道的出流量仅考虑草海流域自身的来水经由西园隧道排往下游的水量。西园隧道 2017 年共计泄水 6.15 亿 m^3，其中来自草海自身的下泄水量为 3.38 亿 m^3。

四条入湖河流中，流量最大的是大观河。大观河是牛栏江-草海补水的入湖通道，2017 年，大观河入湖流量为 2.77 亿 m^3，因为牛栏江补水是大观河水量中最大的部分，其年内流量分布与牛栏江补水量较为相似，雨季流量较低，是受牛栏江-滇池补水工程 7 月、8 月部分时间停止补水的影响。

（2）表面边界条件。EFDC 模型需要用来驱动流体模型的大气边界条件包括大气压、干球温度、湿球温度、降水量、蒸发量、太阳短波辐射、云量、风速和风向等。建模过程中，大气和风边界数据来自昆明气象站提供的实测小时数据，并处理成 EFDC 模型兼容格式的大气边界条件。

昆明气象站 2017 年主要气象数据见表 15-3。2017 年，滇池流域降水量为 1186.4mm，蒸发量为 1015.1mm，降水量大于蒸发量；主导风向为西南风和西南偏西风，平均风速为 2.2m/s；平均气压 811.3 Pa，平均气温 15.7℃。

表 15-3　滇池流域气象站 2017 年气象数据

年份	平均气压/Pa	平均气温/℃	降水量/mm	蒸发量/mm	平均风速/（m/s）	主导风向
2017	811.3	15.7	1186.4	1015.1	2.2	SW

2017 年，草海湖面降水为 926 万 m^3，湖面蒸发量为 793 万 m^3。2017 年滇池流域降水量和蒸发量的年内分布十分不均匀，雨季、旱季划分明显。

2017 年滇池流域平均气压 811.3 Pa，平均气温 15.7℃。2017 年主导风向为西南风，出现频率为 22%，次主导风向为西南偏西风，频率为 15%，平均风速为 2.2m/s。

b. 初始条件

各水质参数的模拟初始条件包括初始水位和初始水质，模型初始水质采用实测数据，由模型自动进行空间插值得到各水质指标的空间分布。2017 年草海水质水动力模型的初始水位为 1886.6m，初始水质采用 2017 年 1 月草海各常规采样点的水质结果。

c. 水动力模型参数设计与验证

EFDC 模型具有很好的通用性，数值计算能力强，尤其水动力模块的模拟精度已达到相当高的水平。多数情况下，EFDC 模型中的许多参数不需要修改。例如，Mellor-Yamada 湍封闭参数在各个模型中基本上是相同的。下面讨论需调整的几个重要参数。

（1）湖底粗糙度。EFDC 水动力模型中常需调整的参数是湖底粗糙度 Z_0，EFDC 模型中 Z_0 默认设置为 0.02m。在本研究区中，Z_0 取为默认值 0.02m。

（2）动边界干湿水深设定。固定边界模型的计算域边界随时间不发生变化，而动边界模型的计算域边界随水位涨落而变动，可以模拟滇池草海水位的变化过程。此处选择

0.05m 作为干湿网格的临界水深。即当某网格水深>0.05m 时，当作湿网格处理，进行正常的模拟计算；当水深<0.05m 时，此网格变为干网格，不参与计算。可见，动边界模型能详细地模拟草海水位变化引起的漫滩及水位变化的过程。

（3）其他参数。其他参数如时间步长、运动黏性系数等见表 15-4。

表 15-4　草海水动力模型主要参数取值表

参数	描述	单位	取值
ΔT	时间步长	s	8
AHO	水平动能或物质扩散系数	m²/s	1.0
AHD	水平扩散系数	无量纲	0.2
AVO	运动黏性系数背景值	m²/s	0.001
ABO	分子扩散系数背景值	m²/s	1×10^{-8}
AVMN	最小动能黏性系数	m²/s	0.001

3）EFDC 模型计算结果

基于滇池外海、草海 EFDC 水质水动力模型，通过线性最优方法求解水环境容量，采用 MATLAB 计算线性规划方程，得到滇池草海、外海不同水质目标下 COD、氨氮、总氮、总磷的水环境容量，见表 15-5。

表 15-5　滇池草海、外海不同水质目标下水环境容量　　　　（单位：t/a）

湖区	水质类别	COD	氨氮	总氮	总磷
草海	Ⅲ类	3628	2187	405	19
	Ⅳ类	4461	3280	608	63
	Ⅴ类	6075	4373	810	82
外海	Ⅲ类	16123	7478	3971	296
	Ⅳ类	27441	11386	5956	429
	Ⅳ类（COD≤40mg/L）	32246	11386	5956	429

如果以Ⅲ类水作为控制目标，则滇池流域 COD、氨氮、总氮、总磷的水环境容量分别为 19751t/a、9665t/a、4376t/a、315t/a。

15.6.2　污染物排放量核算方法

1）工业污染物排放预测

工业废水污染物排放量是利用工业行业增加值（2014～2019 年）、废水污染物产生系数以及污染物去除率相乘计算获得的。预测污染物包括 COD、NH₃-N 和 TN、TP。

预测方法：

工业废水和污染物排放量利用工业行业增加值和各工业行业的废水及污染物排放系数

相乘计算获得。

$$污染物产生量 = 工业行业增加值 \times 污染物产生系数$$
$$污染物排放量 = 污染物产生量 \times （1 - 工业废水处理率 \times 污染物去除率）$$

对工业废水和污染物的排放量预测影响参数变量选取工业产值增长率、工业废水处理率、污染物产生系数、污染物去除率四个。

2）农村污染物排放预测

农村污染物产生量根据农村人口、散养畜禽量和人畜污染物产生系数计算，然后根据沼气化率和污染物流失系数计算得到污染物排放量。预测污染物包括 TN、TP、$NH_3\text{-}N$、COD。

$$污染物排放量 = （污染物产生量 - 污染物去除量） \times 污染物流失系数$$
$$污染物产生量 = 农村居民污染物产生量 + 散养畜禽污染物产生量$$
$$农村居民污染物产生量 = 农村人口 \times 污染物产生系数$$
$$散养畜禽污染物产生量 = 散养畜禽量 \times 排泄系数$$
$$污染物去除量 = （农村居民污染物产生量 + 散养畜禽污染物产生量） \times 沼气化率$$

3）城镇生活污染物排放量

城镇生活废水中污染物产生量的预测方法和农村居民生活类似，按大、中、小城镇研究获得的人均污水和主要污染物产生系数与各类城市人口数量计算得到生活废水的污染物产生量，然后根据废水处理率和污染物削减率计算污染物排放量，预测污染物包括 TN、TP、$NH_3\text{-}N$、COD。

$$污染物排放量 = 污染物产生量 - 污染物去除量$$
$$污染物产生量 = 城镇人口 \times 污染物产生系数$$
$$污染物去除量 = 污染物产生量 \times 废水处理率 \times 污染物削减率$$

本预测中，对污染物的排放量预测影响参数变量选取人口增长率、城市化率、城镇居民人均用水量、污染物产生量、污染物削减系数、废水处理率六个。

4）种植业污染物排放量

根据化肥施用量、化肥利用率以及种植业的污染物流失系数计算污染物排放量。由于种植业 COD 和 $NH_3\text{-}N$ 的排放量较小，预测时仅对种植业的 TP 和 TN 进行计算。

$$TP 排放量 = TP 产生量 \times TP 流失系数$$
$$TP 产生量 = （磷肥施用量 + 复合肥施用量 \times 含磷比例） \times （1 - 磷肥利用率） \times 0.4366$$
$$TN 排放量 = TN 产生量 \times TN 流失系数$$
$$TN 产生量 = （氮肥施用量 + 复合肥施用量 \times 含氮比例） \times （1 - 氮肥利用率）$$

在本预测中，对种植业污染物排放量的预测影响参数变量选取化肥施用量、化肥利用率、化肥流失系数。

5）养殖污染物排放量预测

根据预测畜禽养殖量和排泄系数得到污染物产生量；按干法和湿法两种清粪工艺计算污染物去除量，然后根据污染物流失系数计算得到污染物排放量。

畜禽的污染物产生量=畜禽养殖量×不同畜禽的排放系数

污染物排放量=污染物产生量×（1−干法工艺比例−湿法工艺比例

×不同畜禽的废水处理率×畜禽废水生化处理的污染物去除率）

在本预测中，对规模化养殖污染物的排放量预测影响参数选取畜禽养殖量、干湿法工艺比例、生化处理污染物去除率等。

6）旅游业污染物排放量

滇池流域旅游业蓬勃发展，旅游人口污染物排放是环境压力中应考虑的重要部分。自2014年以来，昆明市旅游人口年增长率均在10%以上，2019年达1.8亿人次，因此污染物排放量也应给予预测。预测污染物包括TN、TP、NH₃-N、COD。

旅游污染物排放量=旅游污染物产生量−旅游污染物去除量

旅游污染物产生量=旅游污染物产生系数×旅游人均用水量×平均停留时间

×旅游总人口×旅游COD折污系数

旅游污染物去除量=旅游COD产生量×旅游废水COD去除率×旅游废水处理率

旅游总人口=旅游总人口基数+旅游人口变化量

在本预测中，对旅游人口污染物的排放量预测影响参数选取旅游人口增长率、污染物产生系数、平均停留时间等。

7）水产养殖污染物排放量

对滇池流域水产养殖污染物排放量进行预测，预测污染物包括TN、TP、COD。

水产养殖污染物排放量=水产养殖污染物排放系数×水产养殖量

水产养殖量=水产养殖量+水产养殖增加量

水产养殖增加量=水产养殖量×水产养殖增长率

在本预测中，对水产养殖污染物的排放量预测影响参数选取水产养殖增长率、污染物排放系数等。

8）污染物入湖量汇总

结合文献，本次计算中的综合自净系数：NH₃-N取0.3，TN取0.2，TP取0.15，COD取0.21。其中，农村、城镇生活、农田、工业污染源的入排系数分别取0.1、0.9、0.1、0.8。根据污染物排放量、入排系数及自净系数计算总的污染物入湖量。

对流域内TN、TP、NH₃-N、COD的入湖量进行预测。以COD排放量的系统动力学模型为例，示意图如图15-4所示。应用分析工具栏里的Causes tree检查系统变量间的逻辑性，结果如图15-5所示。对滇池流域四种污染物排放量进行中长期预测，结果如图15-6～图15-9所示。

15.6.3　污染物总量削减目标

如果以Ⅲ类水作为控制目标，则滇池流域COD、NH₃-N、TN、TP的水环境容量分别为19751t/a、9665t/a、4376t/a、315t/a，入湖量分别为30115t/a、3488t/a、4725t/a、450t/a。根据"十四五"规划确定的水质目标，规划目标年污染负荷入湖量与滇池水环境

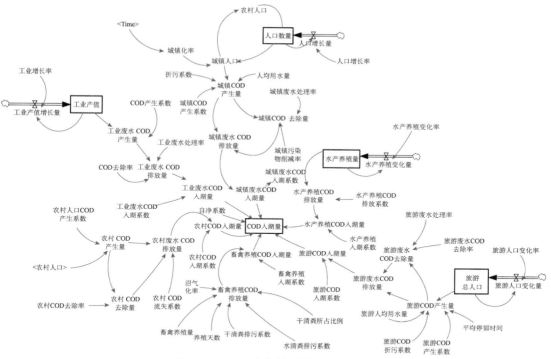

图 15-4　COD 入湖量系统动力学模型

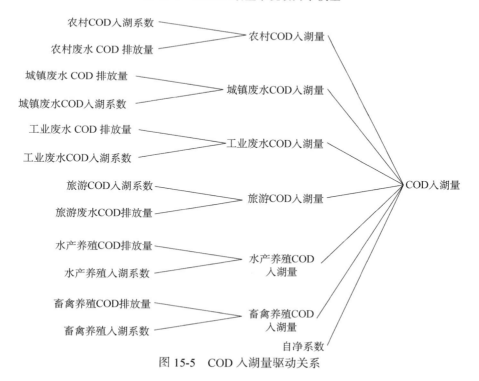

图 15-5　COD 入湖量驱动关系

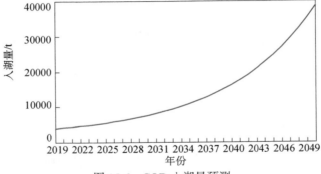

图 15-6　COD 入湖量预测

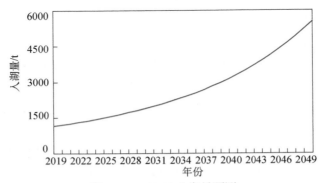

图 15-7　NH₃-N 入湖量预测

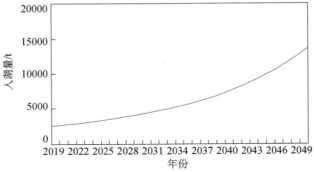

图 15-8　TN 入湖量预测

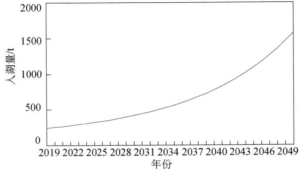

图 15-9　TP 入湖量预测

容量的对比如表 15-6 所示。从表中可以看出，在现有 "十四五" 规划项目对入湖污染负荷削减后，滇池水质目标可达。

表 15-6　滇池水环境容量与入湖量对比表

项目	COD_{Cr}	NH_3-N	TN	TP
水环境容量/t	19751	9665	4376	315
入湖负荷量/t	30115	3488	4725	450
能否达到目标	能	能	能	能

注：考虑截污外排削减效益。

15.7　重点任务

通过对滇池流域主要环境问题分析，按照 "三水" 统筹、系统治理的原则，强化国土空间规划和用途管控，减少人类活动对自然空间的占用；推进清洁生产，发展环保产业，推进重点行业和重要领域绿色化改造；继续开展污染防治行动，建立源头-过程-末端统筹的生态环境治理体系，强化城镇污染、城市面源污染和农业农村面源污染的多污染源协同控制和区域协同治理；推进滇池保护治理制度创新。实现滇池保护治理 "六个转变"，即工作内涵由单纯治河治水向整体优化生产生活方式转变，工作理念由管理向治理升华，工作范围由河道单线作战向区域联合作战拓展，工作方式由事后末端处理向事前源头控制延伸，工作监督由单一监督向多重监督改进，工作模式由政府治理为主向社会共治转化。规划确定以下三方面主要任务。

15.7.1　优化生产、生活、生态空间布局，推动绿色低碳发展

根据《滇池保护规划（2020—2035 年）》，滇池流域应以保护自然生态生命共同体要素和协调自然生态环境为重点，以生态环境保护为主要目标，适度控制城镇规模。落实分区主导功能，滇池修复保护区应以滇池湿地保育及生态修复为主要方向，实施严格管控；生态缓冲保留区应统筹生态资源保护和生态建设，提升区域生态环境质量；生产保障保护区应严守耕地保护红线，保障粮食安全；城镇协调发展区应保障城镇人居生活、生产空间。

优先发展高端现代服务业，依托中心城市，优先发展现代金融、研发创意、信息与软件服务、现代物流、商务会展等符合绿色发展要求的现代服务产业。

积极发展绿色先进制造业，以及符合绿色发展要求的先进装备、生物医药、新材料、电子信息等先进制造业，重点在数控机床、新型发动机、先进输配电设备、光电子及材料、现代生物医药等产业实现突破。

加快发展节水型生态农业，加大政策支持力度，鼓励农户、企业加快发展节水农业、清洁农业、生态农业，推动高消耗、高排放的畜牧、粮食、蔬菜和花卉产业逐步退出滇池流域。

15.7.2　强化控源减排，构建"上截、中疏、下泄"的截污治污体系

加大政策支持力度，鼓励农户、企业加快发展节水农业、清洁农业、生态农业，推动高消耗、高排放的畜牧、粮食、蔬菜和花卉产业逐步退出滇池流域。支持农户和农业基地加快发展无公害、绿色、节水、有机农产品。加大农业生产组织方式的调整力度，加快发展农民专业合作组织，推进农业生产的专业化、规模化、标准化。加快基层农业技术推广体系建设，培育农技推广服务组织。加快节水增效、良种培育、丰产栽培、生物有机、疾病防控、防灾减灾等领域的科技创新和推广应用。

15.7.3　强化蓝藻防控，保护修复水生态

强化蓝藻处理和日常防控能力建设，提高蓝藻处置水平，针对滇池草海东岸、外海北部等蓝藻水华重点防控水域，分期建设大型蓝藻处理站及湖面藻水离岸拦截、导流、打捞、输送设施，藻水分离处理总规模最终约 48 万 m³/d，尾水水质按湖库地表Ⅲ类水标准控制（总氮除外），蓝藻藻泥全部实现无害化、资源化利用。实施湿地改造工程，提升湿地水质净化功能，巩固"四退三还"（即通过退塘、退田、退人、退房，实现还湖、还林、还湿地）成果，开展湖滨湿地塘库系统建设，建立完善的湖滨湿地配水系统，保证湿地内水流畅通。深化研究湖泊底泥处置方式，有效控制湖泊内源。继续开展滇池水生态系统修复技术研究与工程示范。科学开展增殖放流，重点水域十年禁捕。

15.8　适用技术推荐

根据滇池目前的水环境质量及富营养化状况，其属于改善+治理型湖泊。改善+治理型湖泊主要指水质为Ⅳ～Ⅴ类，营养状况为富营养的湖泊。这类湖泊受人类活动的干扰程度为中等，但水生态系统破坏严重，抗冲击能力较差。针对此类湖泊，应通过控源减排严格控制营养盐的排放，同时进行生境改善，通过内源治理和入湖河道整治等，逐步促进水生态系统恢复。

1）控源减排

在控源减排方面主要对工业污染源、城镇生活源、种植业、养殖业污染源及农村生活源进行治理，根据实际情况推荐以下治理技术。城镇生活源方面：老城区滨河带适宜性真空截污技术。种植业、养殖业污染源控制方面的技术有：基于农田养分控流失产品应用为主体的农田氮磷流失污染控制技术；农业结构调整下新型都市农业面源污染综合控制技术；富磷区面源污染防渗型收集与再削减技术；农田排水污染物三段式全过程拦截净化技术；生态沟渠技术；规模化果园面源污染防治集成技术；大面积连片、多类型种植业镶嵌的农田面源控污减排技术；基于稻作制农田消纳的氮磷污染阻控技术；农田退水污染控制技术；农业退水污染防控生态沟渠系统及构建方法；生态农田构建技术；坡耕地种植结构与肥料结构调控技术等。农村生活源控制技术包括粪便无害化快速堆肥与污水深度净化组

合处理技术等。

2）生境改善

生境改善适用于实施生态修复之前，为生物生长创造良好的条件。包括入湖河道治理及污染底泥环保疏浚、蓝藻水华打捞技术等。

其中，入湖河道治理技术包括：圩区沟塘系统环境友好模式构建技术；陆向湖滨带生态修复与入湖污染处理技术；湖盆消落带湿地构建及水质改善技术；削减湖滨退耕区土壤存量污染负荷的生物群落构建技术；缓冲带滞留型湿地与土地处理技术；缓坡消落带生态保护与污染负荷削减技术；陡坡消落带生态防护及减污截污技术；河道旁路人工构造湿地净化技术；入湖河流原位及异位湿地生态修复技术；河口沟-塘-表生态湿地构建技术；入湖河口湿地生态重建技术；入湖口导流、水力调控与强化净化技术等。

污染底泥环保疏浚技术包括：内源磷原位固化稳定化技术；基于水生植物修复的泥源内负荷综合控制技术；底泥原位钝化控磷技术等。

蓝藻水华打捞技术包括：蓝藻水华拦截与高效机械除藻技术；大型仿生式水面蓝藻清除技术；藻类生物控制与水华应急处置整装技术；基于微藻去除的水体透明度快速提高技术；针对富营养化湖泊内源污染的生态控藻除磷技术；削盐-控藻-碎屑生物链联合调控富营养化技术等。

参 考 文 献

曹晓静，张航. 2006. 地表水质模型研究综述. 水利与建筑工程学报，4（4）：18-21.

陈旭清，朱云，朱喜. 2020. 巢湖蓝藻爆发治理现状及目标对策. 水利发展研究，20（7）：60-66.

金相灿. 1990. 中国湖泊富营养化. 北京：中国环境科学出版社.

李畅游，史小红. 2007. 干旱半干旱地区湖泊二维水动力学模型. 水利学报，38（12）：7.

李家科，李亚娇，李怀恩. 2010. 城市地表径流污染负荷计算方法研究. 水资源与水工程学报，21（2）：5-13.

李玉平. 2020. 南漪湖水质总磷超标成因及达标治理建议. 安徽农学通报，386（4）：143-144.

刘鸿亮. 1990. 中国湖泊富营养化. 北京：中国环境科学出版社.

刘晓琴，刘国龙，王振. 2020. MIKE 系列模型在蓄滞洪区洪水模拟中的应用研究. 中国农村水利水电，（6）：7.

刘阳，王欢，唐萍，等. 2021. 环巢湖河流水环境质量的时空变化分析. 安徽农业科学，49（14）：72-75.

鲁怡婧. 2020. 巢湖流域水环境治理回顾与展望. 中国资源综合利用，38（12）：116-118.

宁成武，包妍，黄涛，等. 2021. 夏季巢湖入湖河流溶解性有机质来源及其空间变化. 环境科学，42（8）：3743-3752.

秦伯强. 2020. 浅水湖泊湖沼学与太湖富营养化控制研究. 湖泊科学，32（5）：15.

邱德斌，刘阳. 2019. 国外湖泊水环境保护和治理对我国的启示. 中国标准化，（24）：120-121.

施成熙. 1989. 中国湖泊概论. 北京：科学出版社.

宋菲菲，胡小贞，金相灿，等. 2013. 国外不同类型湖泊治理思路分析与启示. 环境工程技术学报，3（2）：156-162.

田永杰，唐志坚，李世斌. 2006. 我国湖泊富营养化的现状和治理对策. 环境科学与管理，（5）：119-121.

屠清瑛. 2003. 我国湖泊的环境问题及治理对策. 中国环境管理干部学院学报，（3）：1-3.

汪家权，陈众，武君. 2004. 河流水质模型及其发展趋势. 安徽师范大学学报（自然科学版），27（3）：6.

王海龙，常学秀，王焕校. 2006. 我国富营养化湖泊底泥污染治理技术展望. 楚雄师范学院学报，（3）：41-46.

王洪道. 1984. 我国的湖泊. 北京：商务印书馆.

王洪道，窦鸿身，颜京松，等. 1989. 中国湖泊资源. 北京：科学出版社.

王圣瑞，李贵宝. 2017. 国外湖泊水环境保护和治理对我国的启示. 环境保护，45（10）：64-68.

王圣瑞，倪兆奎，席海燕. 2016. 我国湖泊富营养化治理历程及策略. 环境保护，44（18）：15-19.

王苏民，窦鸿身，陈克造，等. 1998. 中国湖泊志. 北京：科学出版社.

吴震，芮睿，郭锦怡，等. 2017. 我国内河船舶污染物排放总量核算方法研究进展. 中国水运，（1）：3.

项继权. 2013. 湖泊治理：从"工程治污"到"综合治理"——云南洱海水污染治理的经验与思考. 中国

软科学，（2）：81-89.

肖灵君，王普泽，熊满堂，等. 2020. 基于 PCA 和 SOM 模型的龙感湖水质时空动态研究. 水生生物学报，45（5）：1104-1111.

谢森. 2010. 基于水环境容量的巢湖流域经济社会发展模式优化研究. 湘潭：湘潭大学.

许学莲，许圆圆，何生录，等. 2020. 长江源头气候变化及其对牧草生育期的影响分析. 青海草业，29（4）：18-22.

杨枫，许秋瑾，宋永会，等. 2022. 滇池流域水生态环境演变趋势、治理历程及成效. 环境工程技术学报，12（3）：633-643.

杨海林，杨顺生. 2003. 河流综合水质模型 QUAL2E 在河流水质模拟中的应用. 环境科学导刊，22（2）：22-25.

余辉. 2014. 日本琵琶湖污染源系统控制及其对我国湖泊治理的启示. 环境科学研究，27（11）：1243-1250.

张民，孔繁翔. 2015. 巢湖富营养化的历程、空间分布与治理策略（1984—2013 年）. 湖泊科学，27（5）：791-798.

张舒羽，凌虹，巫丹，等. 2019. 阳澄湖水质现状特征及其成因分析. 治淮，490（6）：14-16.

张永祥，王磊，姚伟涛，等. 2009. WASP 模型参数率定与敏感性分析. 水资源与水工程学报，20（5）：28-30.

张镇，刘桂民. 2007. 当前我国湖泊富营养化治理的进展及思考. 工业安全与环保，（10）：50-52.

章文波，谢云，刘宝元. 2002. 利用日雨量计算降雨侵蚀力的方法研究. 地理科学，22（6）：705-711.

赵贵章，董锐，王赫生. 2020. 近 30 年鄱阳湖与洞庭湖水文变化与归因. 南水北调与水利科技（中英文），18，110（5）：78-87.

郑丙辉. 2018. 中国湖泊环境治理与保护的思考. 民主与科学，30（5）：13-15.

中国环境科学研究院. 2012. 湖泊生态安全调查评估. 北京：科学出版社.

中国科学院《中国自然地理》编辑委员会. 1981. 中国自然地理：地表水. 北京：科学出版社.

中国科学院南京地理与湖泊研究所. 2015. 中国湖泊分布地图集. 北京：科学出版社.

中国科学院南京地理与湖泊研究所. 2019. 中国湖泊调查报告. 北京：科学出版社.

钟诗群，陈荣坤，周杰，等. 2014. 大通湖浮游植物群落结构与富营养化动态研究. 生态科学，33（3）：586-593.

朱青，唐红兵. 2013. 创新湖泊治理与保护思路 加快巢湖治理与保护进程. 水资源保护，29（4）：54-55.

Li M J，Liu Z W，Yu Q，et al. 2021. Exploratory analysis on spatio-seasonal variation patterns of hydro-chemistry in the upper Yangtze River basin. Journal of Hydrology，597（3）：126217.

Vollenweider R A，Kerekes. 1980. Cooperative Programme on Monitoring of Inland Waters（Eutrophication Control）：Synthesis Report. Paris：OECD.